高等学校"十一五"规划教材

水景与水景工程

主　编　刘祖文
副主编　田长顺　朱易春

哈爾濱工業大學出版社

内 容 提 要

本书为给水排水工程、环境工程等专业的专业特色与专业拓展方面教材用书。全书由国内外水景发展概况与发展趋势、静态水景、动态水景、人工喷泉以及水景水质与水处理技术等5章组成。书中附有与水景相关图片140余张,并附有与喷泉工程有关的国家标准与技术规范。

本书实用性强,既可作为给水排水工程、环境工程等专业的专业教材,也可供从事水景工程设计与施工的技术人员学习参考。

图书在版编目(CIP)数据

水景与水景工程/刘祖文主编.—哈尔滨:哈尔滨工业大学出版社,2009.11(2017.7重印)

ISBN 978-7-5603-2953-6

Ⅰ.水…　Ⅱ.刘…　Ⅲ.①理水(园林)-景观-园林设计②理水(园林)-景观-工程施工　Ⅳ.TU986.4

中国版本图书馆CIP数据核字(2009)第179081号

策划编辑　贾学斌
责任编辑　贾学斌　王桂芝
出版发行　哈尔滨工业大学出版社
社　　址　哈尔滨市南岗区复华四道街10号　邮编150006
传　　真　0451-86414749
网　　址　http://hitpress.hit.edu.cn
印　　刷　哈尔滨圣铂印刷有限公司
开　　本　787mm×1092mm　1/16　印张10　字数250千字
版　　次　2010年1月第1版　2017年7月第2次印刷
书　　号　ISBN 978-7-5603-2953-6
定　　价　25.00元

前　言

水的本义为以雨的形式从云端降下的液体，无色无味且透明，形成河流、湖泊和海洋。地球上的生命最初是在水中出现的，这已经被科学家证实。水是所有生命体的重要组成部分，例如：人体中水占70%；而水母中98%都是水。水有利于生物体内化学反应的进行，在生物体内运输物质，对于维持生物体温度的稳定起到很大的作用。水是生命的起源，又是生命的归宿。

水作为一种晶莹剔透、洁净清心，既柔媚、又强韧的自然物质，以其特有的形态及所蕴含的哲理思维，早已进入了我国文化艺术的各个领域，如诗文、绘画、音乐、戏曲等方面，而且也已成为园林艺术中不可缺少的、最富魅力的一种园林要素。

早在近三千年前的周代，水已成为园林游乐的内容。在中国传统的园林中，几乎是“无园不水”，故有人将水喻为园林的灵魂。有了水，园林就更添活泼的生机，也更增加波光粼粼、水影摇曳的形声之美。但是，红花虽好，需有绿叶扶持。水影要有景物才能形成；水声要有物体才能鸣发；水舞要有动力才能跳跃，水涛要有驳岸才能起落，没有其他要素相配，也难以发挥水的本质美。

人类对于水的偏爱，多于对自然界中任何其他原始生成物。这恐怕是因为水是最贴近我们，甚至是融入我们生活的。当这种最初的偏爱发展到了欣赏的程度，水对于人类而言，就已经不仅仅是生存的物质基础，而且在精神空间中也占有了一席之地。人们的欣赏水平被赋予的价值发生了变化，水不再是单纯的物质，水体也不再是固有的形式，它变得有灵性，有感情，成为有精神的生命。于是，欣赏便渐渐不能满足人们对于水的喜爱了，人们想要接近它，体会它，甚至改造它。从最初人们欣赏自然界中的水体，到古代人们把这种自然水体引入生活游娱之中，再到现代我们身边随处可见的水景，人类对于水的改造逐渐演变成为一种艺术。

中国古代哲人，如老子、孔子、孟子、荀子等，都对水有各自的见解。老子在道德经中有一段关于水的精辟论述：“上善若水，水利万物而不争；处众人之恶，故几于道。”他认为有道德的人，就像水那样，总是滋润着万物；水性柔弱，顺其自然而不与人争，又能去别人所不愿去的地方。一个人如果能做到这样，就可以说是领略到“道”的境界了。然后他进一步详细列举了水的种种善良之处，“如居善地，心善渊，与善仁，言善信，政善治，事善能，动善时……”故有道德的人，都有如水一样的性格。老子给予水以极高的拟人化的评价。

孔子对于水的评价也是很高的，认为水是有德、有勇、为善、循理、智慧而公平的。不仅如此，哲人们对水还具有很深的辨证认识，可谓“水性至柔，是瀑必动”，“水性至劲，是潭必静”。动与静、刚与柔都是辨证的，水是“天下之至柔，驰骋天下之至坚”，所谓“水滴石穿”是也。可见水之性与理，能对人们处理事物有一种辩证的启示。

古人对水的理解专注于表现园林中各种动态与静态的水景中，它能给予文人雅士以赏水的思索，也可以说是中国园林艺术中理水思维的习性与特色。

静态的水可以因鱼游而动，这是动静的辩证关系；而鱼游的自由之乐，也可使观赏者体会到自己的自由之乐。庄子论水（静水）的基本观点是：水至性，不杂则清，莫动则平；郁闭而不流，亦不能清，天德之象也。至于孔夫子的一句“逝者如斯乎，不舍昼夜”，也能引发人们对时光流逝无情的感叹。故古人欣赏水景，是能由静中看出动来，也能由动中看出变来，透过表面的形式与现象，渗透入“理水”的内涵与本质。这种欣赏静态水的特色一直影响到皇家园林——北京北海公园内濠濮间景点的建造。承德避暑山庄更有一亭命名曰“濠濮间想”。这些都是园林中以哲理理水建园的实例。

动态的水，如瀑、如潮，有如万箭穿石，汹涌澎湃，故产生激昂奔放之感。所以用心来欣赏各种各样的水态，就会因人而异，产生种种深浅不同的欣赏情趣、情感与启示，这时的水，不就成了启迪人们极为丰富多彩的人生哲理思维的媒介了吗？

改革开放以来，随着我国经济建设的持续发展和人民生活水平的不断提高，人们对生活质量和生活环境有了更高的要求标准。城市建设早已从早期大兴土木、解决基本要求发展到追求城市环境的人文关怀与文化内涵。城市环境已成为衡量城市地位的标准之一，越来越多的城市环境工程，如“水景工程”便早已提到各级政府的议事日程。水景工程正在形成一个需求日盛、潜力巨大的市场。

那么水景怎样才能更好地为人类服务呢？

第一，结合新技术，水景进一步向高科技方向发展，从声控、程控到微机控制。早在20世纪80年代，北京有色冶金设计院设计的在北京龙潭游乐园的与激光相结合的喷泉就是一例，它得到了国际上的推崇和高度评价，曾荣获1989美国洛杉矶国际发明展览会的“工业设计特别奖”。水幕电影或光纤彩壁，致使水景高科技的发展前景更为宽广。水景的水力喷射还可用于防盗，使歹徒一踏上触点即产生强水流喷射及水力警铃报警等等。

第二，净化空气，改善小区气候。在工业大发展的今天，水景应为改善工业区环境作出贡献。世界上很多城市已经做到水景不仅在全市全区到处密布，还做到水景可作为分区性分隔来替代围墙等等，朝鲜平壤市就是一例。水景能湿润并净化空气，在运转中产生大量负氧离子，调节人体各种功能，总之，它对人体的健康有许多益处，同时也美化了环境，给人们以舒适和美的享受。而微型移动式水景，由于它不单美观清新，且因它产生的负氧离子，还能抵消电视机射线对人体的影响，故在国外一些家庭中备受青睐。

第三，水景水池可兼具其他功能。消防蓄水池兼用，可防止池水长期静止腐化变质，也可作为热污染的降温喷水池；还可兼作养鱼池，在喷水过程中能不断得到曝气充氧，使池水水温得以均匀。

第四，将水景和环境保护、废水处理密切联系起来。水景在喷射时能起到曝气作用，可促使生物降解，驱除CO_2，提高pH值，提高水的含氧量，这些都是目前人们迫切关心的问题。

我国水景设计起步较晚，但随着我国水景工程建设技术手段和科技含量的提高，我国的水景设计已达到世界的领先水平。我国的大部分城市，如北京、上海、深圳、大连、青岛等，水景建设已给城市带来了良好的社会效益和经济效益，极大地促进了区域经济的发展。

在目前园林水景工程迅猛发展的态势下，社会上急需一批既懂理论知识，又有现场指挥能力，负责生产第一线的专业人才。作者在担任给水排水工程与环境工程专业水景工程特色教学过程中发现，现有的园林工程书籍当中，对水景工程这门从园林系统工程中分离出来的学科，系统性的理论概述和标准化的设计要求规范，以及工程后期水景保护的措施要求等方面阐述的很少，能够作为课本教材的更是少之又少。为了更全面系统地阐述水景与水景工程方面的专业知识，作者组织有关专家、工程技术人员编写了此书。此书既可作为高校给水排水与环境工程专业学生的专业特色教材，也可为从事水景设计与施工的工程技术人员提供参考资料帮助。

本书由江西理工大学刘祖文担任主编，田长顺、朱易春担任副主编，书中第1、2章由田长顺负责编写，第3、4、5章由刘祖文负责编写，田长顺协助，在编写过程中朱易春老师也做了大量工作。王晖、王华生以及给水排水05级部分学生等均参与了资料的收集与整理工作。本书在前人的基础上归纳总结，书中部分水景资料与图片并非作者第一手资料，部分资料参考了文献中提及的如闫宝兴、程炜、董三孝、袁海龙、金元欢、李强等诸多业内人士撰写的相关书籍与论文，在此表示由衷谢意！由于编者水平有限，时间仓促，难免有疏漏及不当之处，恳请广大读者指正。

编　者

2009年7月

目　录

第1章　概　　述

水景与水量工程是在前人的基础上发展起来的。人们总结了西方与东方的水景发展史,从中梳理出水景工程的艺术所在。本章从国外与国内两个方面阐述水景的发展与艺术,目的在于使读者能够掌握一些美术史知识,提高艺术修养,为其今后进行水景设计时,增添艺术性,找到美之所在。

1.1　国外水景发展概况

1.1.1　古罗马、古希腊时期

最早有记载的水景是公元前6世纪,新巴比伦王国国王尼布加尼撒二世(Nebuchadnezzar Ⅱ)(前605—前562)为他的王后阿米娣斯(Amytis)建造的在巴比伦城内的巴比伦空中花园(Hanging Garden)中的喷泉。根据文字记载,该城横跨幼发拉底河,平面近长方形,边长约1 300 m,城内南北干道自南向北串联着宫殿、庙宇、七层观象台及空中花园,花园面积275 m×183 m,内有喷泉,但已无实景(图1.1)。

图1.1　巴比伦空中花园及遗址

始建于公元前4世纪,公元79年维苏威火山爆发时,全城被埋没的庞贝城(Pompeii),是古罗马的商业与休养城市,经考古发掘出城内的潘萨府邸(House of pansa)——独占市中心附近的一个街坊,南北长97 m,东西宽38 m,

沿中轴线布置有两个天井。其中一个天井的顶部有矩形采光口，对应的底部是一个有水景水池的大厅，称为中庭（Atrium，或称泽明厅），可见府邸的主人，在那时就已经享有水景与阳光为大厅主体的休闲中心了（图 1.2）。

公元前 5 世纪的奴隶制时代，古希腊随着文化的发展，启动了欧洲的理水工程，首先出现的是供奴隶主饮用与享乐的饮用水泉，后演变成装饰性泉。

公元前 2 世纪到公元前 30 年，古罗马鼎盛时期建的公共浴场（Thermae）并非单纯浴场，而是社交、娱乐和健身的综合享受场所。图 1.3 为卡瑞卡拉浴场（Thermae of Caracalla）的温水浴场中央大厅远景，面积为 55.77 m×24.08 m，高 32.92 m。设有水盘、水幕与水池，已有人造水景的雏形。

图 1.2　庞贝城废址

图 1.3　卡瑞卡拉浴场中央大厅远景

公元前 1 世纪的古罗马，在盖乌斯·尤利乌斯·恺撒大帝的统领下，地跨欧、非、亚三大洲，财富、艺术、文化都大量集中。在建筑上，斗兽场、神庙、剧场、宫殿、广场、雕塑等都达到了奴隶制社会的最高峰，虽经风霜雨露、战火纷争，至今已无完整保留，但古罗马城的遗迹仍旧精雅而恢宏。

公元前 1 世纪，希腊、罗马的园林理水工艺已初见端倪，河水引入庭园，小岛屹立池心，凉亭水榭、雕塑祭坛林立。利用地形高差，跌水、瀑布、喷泉，几何形水池自成系统，这类水景工艺发展到城市广场、交叉路口，至今仍广被欧洲各国的皇宫、贵族宅院借鉴，经久沿用不衰。其中最著名的有海德里皮皇家别墅（Villa Hadriant），除了豪华建筑群，中庭列柱环抱外，沿柱安放喷水的雕塑、接水的水盘、水池、水瓮组成水景系列。

1.1.2　文艺复兴时期

欧洲文艺复兴（14 世纪—16 世纪）始于文艺复兴的发源地——被称为“欧

洲艺术明珠"的意大利佛罗伦萨市，位于亚平宁山脉中段的盆地，阿纳河流经市内，45万人，40多个博物馆，是大诗人但丁·阿利吉耶里(Dante Alighieri)，大文豪薄伽丘(Boccaio)，建筑师伯鲁乃列斯基(Filippo Brunelleschi)，伟大艺术家米开朗琪罗(Michelangero Buonarroti)，伟大画家达·芬奇(Leonardo Da Vinci)，乔托(Giottodi Bondone)，波堤切利(Sandro Btticelli)，马基雅弗利(Niccolo Machiavelli)，科学家伽利略(Galileo)等伟人的故乡。由于得到欧洲最大银行家美第奇(Medici)家族在行政、政治与艺术鉴别等方面全力支持文艺复兴，并代代坚持，直至15世纪的中后期的60多年，从不间断。正是由于他们的支持，此阶段是佛罗伦萨市的黄金时代，也是欧洲文艺复兴的黄金时代。这段时间在艺术领域内，涌现出了旷世名诗《神曲》，文学名著《十日谈》，著名雕塑《大卫》，名画《最后的晚餐》、《蒙娜丽莎》，以及美第奇宅院门口的著名塞诺里亚广场(Piazza Signoria)、《大卫》雕塑旁的壮观喷泉。

顺便说一句，文艺复兴使欧洲文学、艺术、建筑、雕塑、水景、宫殿、宅院、城堡、教堂等迅猛发展，所需大量建筑材料，使人们又记起了古罗马城这座废墟，城中堆积着的大量象牙白石材，被一次次从废墟堆上搬运与挖掘，还未倒塌的残墙断壁被拆毁，使废墟进一步荒芜。但这座废墟虽经历如此磨难，至今仍然豪气夺人，威势犹存，不愧为人类的奇迹。

文艺复兴时代，人们迷恋于古希腊、古罗马时期的文学、艺术，著名的雕塑、理水工程并被用来装饰城市广场与私人宅院。理水的基本特点是使朴质的大自然的地形地貌、江河水流，按人为的黄金分割几何对称进行构造。将圆形、三角形、梯形等几何形状，组合成花坛平面，坡道，用水流加以串接，以乔木、灌木、攀缘植物作为接口。最具典型的如意大利的台地园，把园林理水作为建筑群的室外延伸，户外的起居室。充分利用地形地貌建造园林与理水，特别是利用地坡与高地，精心设置"多级叠落瀑布"。如里格里奥(P. Ligorio)设计的埃斯特庄园(Villad'Este)，用600 m管道引安澜河水至高地水库，用管道以每分钟77.2 m^3 流量向下输送，供园内50多个水景点所用水，其中最著名的

图1.4 埃斯特庄园的百泉喷泉

有“百泉喷泉”(The Hundred Fountain)、(图1.4,图1.5)、龙泉(Dragon Fountain)等,分成数级台阶,层层叠落,泄入盛水池,气势恢宏,蔚为壮观。其间穿插着多种多样的趣味小喷泉,如“水风琴”喷泉、“猫头鹰”喷泉、兰迪庄园的喷泉水渠(Water Channel at Villa Lante)(图1.6)等。

图1.5 埃斯特庄园的百泉喷泉

图1.6 兰迪庄园喷水渠道

1.1.3 近代科学发展时期

伟大雕塑家米开朗琪罗病逝的前3天,即1564年2月15日,近代科学的奠基人伽利略降生,此时也正是世界进入工业革命时代(近代科学发展时期,16世纪下半叶~18世纪),科学、技术飞跃发展。到17世纪喷泉水景在欧洲盛极一时,理水艺术达到又一个高峰。水景主流由静向动转化,由单一向多样转化,水瓮、泉水、喷泉、雕塑、植物配置融为一体,使人赏心悦目。特别是水力学的创立与水力机械的开发,使水景创作转入压力流状态,理水艺术家可根据设计理念随意创作。

17世纪,法国进入鼎盛时期,成为欧洲的盟主。为了表现其至高无上的皇权思想及超自然主义的象征,借鉴意大利的理水手法,利用法国地形平坦的特点,用强烈的几何轴线与人工严格修整的植物几何图形,多若繁星的喷泉水景,配以层层下旋的水池,让人沐浴其中。最为著名的如1656年勒诺特雷(Andre Le Notre)为法国路易十四的大臣富凯设计建造的维康(Vaux - Le - Vicomte)府邸花园,在对称布局的中轴线上设置了一系列气势磅礴的喷泉水池,严格修整的植物造型，大片翠绿草坪，构成前所未有的宽阔优美的整体环境，使整座园林成为水景的陪衬。好大喜功的路易十四不甘于臣子的超越，于 1689 年亲自下旨，命勒诺特雷为自己设计建造了一座欧洲之最的凡尔赛宫(Palais de Versailles)大花园，其中有喷泉 1 400 座及众多的精美塑像，最为著名的有阿波罗(Apollo)喷泉(图 1.7)和拉托娜(Latona)喷泉。(阿波罗在希腊神话中是主宰光明、文艺、学术与医药之神，后来成为太阳神，拉托娜是阿波罗的母亲)

图 1.7　阿波罗(Apollo)喷泉

在当时的条件下，具有如此宏大的水库、水泵、管道、雕塑、喷嘴造型组合成为人工水景系统，反映了勒诺特雷的设计才能与工程技术的高超水准。

俄国彼得大帝(Peter)于 17 世纪末游览了凡尔赛宫后，决心要为自己建造一座超越凡尔赛宫的堂皇宫殿，这座宫殿位于芬兰湾的端点，圣彼得堡市近郊，名叫彼得宫(Peterhof)，也叫夏宫，建成于 1714 年，被誉为“波斯艺术之珠”。彼得宫以皇宫大殿为中心，其后依南高北低的天然阶梯，分为上、下两园，呈扇形向芬兰湾伸展，宛如一个巨人，把大海紧搂在怀中。彼得宫最为闻名之处，不是宏伟富丽的殿宇，也不是巧夺天工的稀世珍宝，而是由伟大的法国园林建筑家勒诺特雷设计建造的举世无双的、规模宏大的雕塑喷泉。以巨型镀金大力神塑像喷泉为中心，大大小小金色雕塑喷泉环绕其间，在哗哗急流水渠的两岸，配备两排高耸喷泉，一直延伸到芬兰湾。喷泉用水是从 16 km 之外的山上蜿蜒引入。金色塑像、水柱水帘、阳光雾露、五彩灯光、交相辉映，架起道道彩虹，昼夜不熄，壮观之极。据称所有珍贵的镀金塑像，第二次世界大战(下简称二战)期间为了免遭法西斯掠夺，被掩埋隐藏，直至二战胜利才恢复如初。

18 世纪的罗马(在古罗马的基础上建造)不乏宏伟精致的艺术珍品，其中有大大小小 3 000 多座雕塑喷泉，最为著名的有 100 多座。丹麦哥本哈根市的

图 1.8 彼得宫(Peterhof)前的喷泉

杰芬(Gefion)喷泉(图 1.9),有一个美丽的神话,传说魔鬼要用洪水淹没哥本哈根所在地西兰岛,杰芬女神把自己的 4 个儿子化作神牛,在她的指挥下,低头奋蹄、勇往直前,终于把淹没了的西兰岛从水中拉了出来。喷泉雕像坚忍不拔,激人奋进,显示了与大自然搏斗的精神。

图 1.9 丹麦哥本哈根市的杰芬(Gefion)喷泉

罗马城内 6 大广场都有动人心魄的雕塑喷泉,西班牙广场上的幸福泉是巴洛克风格的杰作,建成于 1762 年,原名叫特雷罗喷泉(Fontana - di - Trevi),也译为特利文喷泉(Tliven Fountain)(图 1.10),是教皇克里门七世(Pope Clemens Ⅶ)命尼古拉·舍尔维(Nicola Solvi)设计建造,耗时 30 年完工。池中心站立着巨大的海神,驾驭着马车,四周环拥着西方神话中的诸神,每个雕像神态各异、栩栩如生,诸神的基座是一片看似零乱的海礁,喷泉的主体在海神的前面,诸神与海礁都有喷泉,射向四面八方,最后又汇集于一处。幸福泉有一个美丽的传说,游人只要背向幸福泉,从左肩上方将硬币投入喷泉池中,一枚硬币许一个愿,第一个愿必须是重游罗马,第二枚硬币许下的愿望才会灵验,所以幸福泉又称许愿池。池中的硬币归罗马天主教一家慈善机构所有，池中常年积存着一层层白花花的硬币，说明游人如织，永无止境。

图1.10　特雷罗喷泉(Fontana－di－Trevi)喷泉

幸福泉的雕刻精美，喷泉气势如虹，都是珍贵的艺术品，成为著名电影《罗马假日》的场景之一。因此幸福泉又多了一个美名叫“爱情池”。椭圆形的纳佛那广场有“摩尔人的喷泉”和“四河喷泉”，是意大利大师贝尔尼尼(Bernini)的杰作。耸立着最经典的建筑“万神殿”的罗通多广场，有一座拉西斯二世建造的方尖碑及喷泉。共和广场上有著名的由4位巨大女神像构成的中央喷泉，高大的水柱从女神与水怪头上冲天而起，高达10 m，又回落到女神及水怪头上，再跌入水池，整座喷泉由同心圆分成上、中、下3层大小不同的圆形、半圆形水盘组成，构思新颖，水流交叉，形象生动。(威尼斯广场伊曼纽尔二世纪念堂前，有艺术大师米开朗琪罗的巨作；圣彼得广场也有贝尔尼尼设计的巨型喷泉)

18世纪30年代，英国发起园林设计革命，使“自由风景式”进入“浪漫主义风景型”时期。浪漫主义风景型的主要特点是以植物为主体，追求自然曲线，理水设计方面，将水体布置在风景构图的中心，使游人的视线飘忽于晶莹闪亮的水面之上。

文艺复兴末期，17世纪初期还出现大量寓意很深的纪念性喷泉小品，如建于比利时布鲁塞尔市政厅中心广场附近，“Y”形路岔口的一座建筑物的转角墙体处，有一个仅50 cm高的紫铜雕像，光着身子，站在大理石台座上，聚精会神地撒尿的小男孩，被誉为“布鲁塞尔市第一公民”，象征比利时民族独立精神的于廉(图1.11)。相传在公元13世纪时，乱军侵占布鲁塞尔市后，要炸毁市政厅中心广场上的珍宝馆，小于廉突然发现正在吱吱作响、燃烧着的导火

图 1.11　于廉喷泉

线，急中生智，朝导火线撒了一泡尿，火焰被熄灭了，珍宝馆得救了，小于廉壮烈牺牲。为了表彰他的功绩，于 1619 年，艺术家杜贝斯诺伊雕刻了这座喷泉塑像，供人瞻仰。各国元首、政府要员、世界名人凡到布鲁塞尔访问，都会向这位小英雄献礼、献花。

除了上述不朽的人造水景外，欧洲还出现绝对自然主义，以自然水体为景的水景。最为突出的是瑞士的广为人知的首都伯尔尼市，利用横穿市区的自然水体阿勒河（Aare）作为全市中心水景。余秋雨《行者无疆》中提到："伯尔尼把中心部位让给它，还低眉顺眼地从各个角度贴近它，它却摆出一副主人气派，水流湍急，水质清澈，无船无网，只知一路奔泻。任何人稍稍走近就能闻到一股纯粹属于活水的生命气息，这便是它活得强悍的验证。它伸拓出一个深深的峡谷，两边房舍树丛都恭敬地排列在峡坡上，只有它在运动，只有它在挥洒，其他都是拜谒者、寄生者。由于主次明确，阿勒河保持住了自我，也就是保持住了自己生命的原始态。"

第二个典型城市要数世界排名最小国家的老四——安道尔国，面积 400 多平方公里，是世界最小国家摩纳哥的 200 倍，约等于北京市的 1/30。它夹于法国与西班牙之间，比利牛斯山麓一直被两国抢来抢去，直至 13 世纪才独立。首都安道尔市山崖环城，城市中心山溪汇流、水声轰鸣、如潮如瀑、蔚为壮观，以自然水景、水声、水雾为特色及高浓度的负氧离子吸引游人。

诸多的自然水景能唤起现代人返璞归真的思潮。

1.1.4 近、现代时期

19 世纪开始，世界进入近、现代时期，人们对环境保护意识不断提高。19 世纪后半期，产生了"城市公园化运动"。皇家园林对外开放。至 20 世纪，欧洲抽象派艺术的发展，对园林理水艺术产生了深刻的影响，不同质地的建筑材料（玻璃、陶瓷、地砖、混凝土等）、植物、水池水渠的铺筑，综合成自由曲线，清新、流动、舒展，不再单纯追求古典时期的端庄、拘谨。

19 世纪后，电学、光学、机械、金属加工、结构力学、计算技术、激光、声响等迅猛发展，以水为主体的大型水景，配备电、光、激光、音乐、计算机控制等现代高科技，使水景艺术更加丰富多彩。具有代表性的人造水景艺术，如1958年建成的瑞士日内瓦湖（也被译成雷梦湖，莱芒湖）内的耸入云霄达145 m高的巨大喷泉水柱，用2台1 000 kW的水泵，夜晚在巨型探照灯照射下，闪闪银柱直划夜空（图1.12）。

英国伦敦由伽勃（Naum Gabo）设计的肯尼特克喷泉（Kinetic Scu' pture Fountain），高2.7 m，由一个造型优美，形状不规则的金属壳体构成，在壳体的边缘喷射出两个水的扇形曲面，壳体的底部可随水力反推转动，喷水的压力也可由计算机控制，双向变幻，多姿多彩（图1.13）。

图1.12 日内瓦湖喷泉

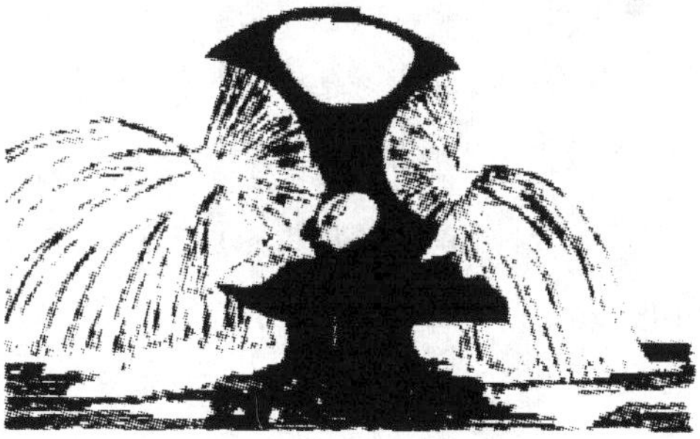

图1.13 英国伦敦肯尼特克喷泉

美国西雅图市水利局操作中心的喷泉（Stattle Water Department Operations Center Founter Fountain），由两根粗大的S形不锈钢管组成，喷泉沿管壁安装的无数小喷嘴喷出，反推动力使“S”钢管转动，喷水量由计算机控制，富有动感。法国巴黎拉德方斯广场上，著名的“阿加姆”音乐喷泉，建成于1980年，66个喷嘴呈“S”形布置，可喷出1~15 m高的水柱，可随着音乐表演格什温的《蓝色狂想曲》，柴可夫斯基的《悲怆交响曲》，佩潘和阿乐纳德合作的《水上芭蕾舞曲》等10多个精彩节目，并可在绚丽多彩的水柱间，用特制的火花喷射管喷射出火花，使水火相融，令人叹为观止。法国巴黎的蓬皮杜文化中心侧面的斯特拉文斯基广场，有一座独特的喷泉，水池中有彩色夜莺、帽子、美人鱼、大象、五线谱符号雕像，它们可向四面八方喷出火花，新颖别致，引人入胜，雕塑是根据斯特拉文斯基的《春祭》、《火鸟》、《婚礼》、《彼德鲁什卡》等著名乐曲的主题创作（图1.14）。美国拉斯韦加斯的皮尔拉及（Bellagio）喷泉，在立体声交响曲的旋律和彩色灯光的配合下，喷泉水柱时而细如游丝，时而汹涌澎湃，时而霓虹辉映，时而银箭穿梭（图 1.15）。

图 1.14　斯特拉文斯基广场喷泉

图 1.15　拉斯韦加斯的皮尔拉及喷泉

美国休斯敦市广场大型弧形瀑布墙，墙高 80 m，弧长 100 m，瀑布腾空而下，水声隆隆，雾气飘缈，配以巨型探照灯，那种气势，那种壮观，令人折服。这类水景以“壮”取胜，以“声”夺人，不同于其他。

美国达拉斯市（Dallas）中心，设计大师丹·凯利以典型的结构主义手法设计的广场，整个广场平面上铺放了边长为 5 m 的网格，作为首层空间，在网格的交叉点上共种植 200 棵落羽杉，每颗落羽杉都在圆形种植盆内；再在首层空间的基础上分别向左向上移动 2.5 m，铺放了第 2 层同样大小的网格，在交叉上设置喷泉；在第 3 层结构上，设计了宽达 10 m 的十字交叉型混凝土铺装，铺装四周是水体；在十字交叉点上，设置了广场的第四层空间，即 1 m^2 的网格，在交叉点上密密麻麻地排列着 361 个小喷泉，全用计算机控制，可以喷出不同形状的水形。植物、水体和喷泉等几个元素的组合变化，勾画出丹·凯利对于场地空间的理解与重组，被视为结构主义的代表作之一。

如果说 20 世纪以前，水景艺术主要集中于城市广场，繁华路口，宫廷官邸，公共建筑，园林景区。那么 20 世纪开始，从点到面，普及延伸到人们生活、起居的环境之中，所谓“水景住宅”应运而生。这又是水景艺术在近、现代时期发展的一种趋势。水景住宅的经典当归属于赖特的不朽巨作“流水别墅”。

草原式住宅（Prairie Style）的开山始祖、建筑大师莱特（Frank Lloyd Wright）的不朽巨作“流水别墅”是 1935 年开始设计，业主是美国宾州的百货巨子考夫曼（Edgar J. Kaufmann）。考夫曼拥有匹兹堡郊外森林区数千英亩土地，其中不乏山林瀑布，他要求建筑师将这座郊外住宅建在面对瀑布之处。当时年近 67 岁的赖特在观察了地形之后，提出了一个惊人构想——将住宅直接建在瀑布之上！这是赖特素来倡导的所谓“有机建筑”（Organic Architecture）理念的延伸。他认为建筑应与自然完全融合，甚至浑然一体。“流水别墅”就在这个前提主导下成形。从远处看，住宅像是数个岩块叠起顺山势延伸，瀑布则流经建筑物下方。踏入正厅，视野立即被引导至远处自然山林，赖特巧妙地以顶棚灯光与墙壁动线来区分客厅、餐厅、图书区，四周玻璃窗在转角处都没有支架，使视野不受任何遮蔽。大厅一角可以直下潺潺水流，泡水、泉声任君徜徉。考夫曼的后代不藏于私，将这座不朽作品捐献给人民，现已成为西宾州保留区协会供爱好艺术与建筑的人们瞻仰参观、被世界地理杂志列为“全球50个应该拜访的自然建筑物”，故赖特还应是开创“水景住宅”之祖。

1.1.5 伊斯兰理水艺术

伊斯兰理水艺术是水景的另一支主脉，公元7世纪到8世纪，阿拉伯人不甘长期生活在贫瘠、缺水的沙漠地带，先后向外扩张征服埃及、波斯、西班牙、土耳其、中亚细亚直抵印度。征服者迅速吸收了征服对象的文化，将其与本国文化融合，创造了伊斯兰文化并传播给被征服者。伊斯兰教根据教义与信仰，创造了独特的理水艺术，即为生存所需的灌溉理水、宗教需要的斋戒沐浴理水、保持民族习俗需要的装饰理水。水景成为教堂、庭院的要素。

理水艺术根据伊斯兰教义，用象征天堂的“十”字形4条水渠汇集起来，分别代表4条天河，即乳河、水河、蜜河与酒河，西班牙阿尔拉罕布拉宫（Albambra），建于14世纪，中央喷泉用12只狮子背着主喷泉，泉水从狮子口喷出，流向十字水渠，水渠四端各有小喷泉。水面波动又将阳光反射到天棚上，与布满彩饰的券廊混交，造成一种光影迷离、色彩斑斓的神秘气氛。水不在深，相交处做成几何形水池，供沐浴与灌溉。在旱季缺水时，渠底铺设的小石块、陶瓷，拼成蔚蓝色的植物、鸟兽图形，成为“旱水园”。

伊斯兰文化与西班牙文化结合并产生了摩尔文化，期间适逢文艺复兴，在伊斯兰典型的理水艺术上，强化了水盘与水池面砖的图案装饰，色彩斑斓而精致。为了节水，安排细长的水渠蜿蜒曲折，并将水池的水引向每棵树下，用作灌溉。理水艺术已非为单一的水景需要，而是注入了独特的象征与理想，讴歌“水滋养着生命，灌溉着绿色”的主题。摩尔式园林中，多沿轴线布置喷泉。现存的最为完整的只有奈瑞里弗喷泉（Generelife Gardens Granada）。

公元7世纪，阿拉伯人征服了印度，伊斯兰教逐渐取代了诞生于印度的佛教。公元1526~1761年,印度处于莫卧尔王朝时期,成为当时世界上最富强的国家之一,莫卧尔国王为爱妃于1631~1651年间,花20年时间修建的陵寝泰姬·玛哈尔陵(Taj Mahal)是伊斯兰建筑在印度的最完美的典型,建成时间与法国维康府邸花园同期。陵寝主体的后部即是象征天堂的"十"字形水池,池水如镜,在蓝天白云的辉映下,白色大理石建筑的高洁刚毅与水面的柔和平静,创造了华丽素雅,既愉悦又遐思。水景将建筑物烘托得灿烂夺目,实属旷世佳作。

伊斯兰的独特理水艺术连绵不绝,不断创新。一直到现在,沙特阿拉伯建造的世界上最高喷泉——吉达喷泉,喷水高度达261 m,相当于80层楼高,配备3个大水泵,以每小时320 km流速,抽取红海海水,喷入云端,吸引游人(图1.16)。

图1.16　世界最高喷泉——吉达喷泉

1.2　中国水景发展状况

中国的水景艺术与园林建筑艺术源远流长,结伴发展。因此中国的水景艺术的发展,必须连同园林艺术一起研究。

1.2.1　上古五帝

上古五帝(前26世纪—前11世纪)的水景发展状况如何?根据《山海经》、《穆天子传》、《淮南子》等古籍中所记载有黄帝的"平圃"、"玄圃"等,"圃,种菜也"。可知中国的园林起源于生产。

殷商时代(前17世纪—前11世纪)的园林以"囿"与"台"为特征,"娱神"的性质,也有"娱人"的内容,已是中国园林之雏形。

1.2.2 周朝

周文王建灵台、灵沼、灵囿,“文王之囿,方七十里”,灵沼中有鱼,有池。“囿”、“台”等都对百姓开放。

1.2.3 春秋战国

春秋战国时代(前770—前221),出现了“上台榭、美容室”的宫苑园林建筑群。楚灵王的章单台,建于公元前535年,台濒离湖,充分因借湖光水色。吴王夫差所建之姑苏台(位于苏州城郊),台内有天池,“池中作青龙舟,舟中盛陈妓乐,日与西施为水嬉”,利用水面作泛舟水嬉之游,是中国造园与游园方式的发展。吴王夫差的另一处宫苑叫“梧桐园”(也在今苏州市郊),是以植物与水景为主体的自然景观游乐场所。诞生于公元前551年的我国万代宗师、圣人孔夫子总结从上古五帝至春秋战国时期的中国园林发展史,提出了哲理名言:“智者乐水、仁者乐山”。水的流淌自如被看成智者的象征,山的宁静自导被看成仁者的象征。孔夫子指出:智者和仁者都会由此选择自己所爱的自然环境,这已近乎现代心理学的心理格式对应关系了。

1.2.4 秦汉时代

秦汉时代(前221—公元220年),中国园林史上出现了第一次造园高潮。属于帝王的园林称“宫、苑”,属于贵戚、富商的称为“园”。《汉制考·囿人注》云:“囿,今之苑”。园林建筑确立了山水体系布局的“一池三山”的模式,从而提高了水体在园林中的地位,使水景与山体、建筑三足鼎立,成为中国传统园林景观的三要素之一。汉代宫苑在布局上多以水体为轴,联络苑中诸景区、景点,构成“苑中有苑”的格局。秦始皇三十五年(公元前119年),在渭水之南上林苑修阿房宫,经考古发掘,已有景观水建筑——水景水渠深10 cm,渠底铺鹅卵石。西汉武帝建元三年(公元前138年)建上林苑,据《汉书·典职》记载:“激上河水,铜龙吐水,铜仙人衔杯受水下注”,已出现铜铸龙像与仙人像的水景。上林苑中的昆明池,由汉武元狩四年(公元前119年)所建,据《三辅故事》记载,池中有石雕,一石鲸鱼长至三丈,“每至雷雨,单鸣吼,鬣尾皆动”,又有二石人立于池东西两岸,象征牛郎织女天河。

东汉张衡发明了机械定时器——漏水转浑天仪,已把水力应用于机械,也是现代喷泉时钟的前身。

1.2.5 魏晋南北朝时期

魏晋南北朝时期(220～589)是我国历史上的乱世。但魏晋南北朝时期恰是我国园林艺术发展产生根本转折性时期,庄子哲学重新为人们重视,为山水文化的发展提供了社会环境。同时魏晋时期玄学的兴起"以玄对山水",山水园作为士大夫的体玄识运深入人们文化生活领域,依托天然山水的庄园,有农业经济与游息双重功能。曹操修建的铜雀台(又名铜爵园,建于公元210年,建安十五年),园内水景"疏圃曲池,下畹高堂",后燕主慕容熙于公元401年建龙腾苑,凿天河渠,引水入宫。魏文帝时建筑的西游园(建于公元220年),园内有凌云台,刻石为鲸鱼,背负钓台,既如从地下涌出,又似从空中飞下,台西有九龙殿,殿前九龙吐水,成一海(见《洛阳伽蓝记·瑶光寺》)。

1.2.6 隋唐时期

隋唐时代(隋:581—618;唐:618—907)是我国园林建筑艺术形成的又一高潮时代,是中国园林艺术体系的成熟与充实期,也大大地丰富了世界园林艺术的宝库。以山水为骨格的格局中,水体景观更为突出。

隋炀帝西苑,建于公元605年,据《海山记》记载,内有曲水池、曲水殿、冷泉宫、凌波宫等水景景点。有舟游于曲水池中,"肴馔水陆之产,靡所不有"。

隋临汾县令梁轨私园,据《绛守居园池记》记载,建于公元596年,梁轨引导鼓堆泉灌田,引所余泉水入宫,蓄为池沼,大池泓横,硖房潭中,瀑三丈余,涎玉吐珠。范仲淹以《绛守居园池诗》颂曰:"怪柏锁蛟龙,丑石斗驱虎"。

唐贞观十八年(公元644年)建华清宫,因有温泉从骊山麓流入,亦称温泉宫,是以温泉浴为主的离宫苑囿。华清宫御汤池中"有双白石莲,泉眼自瓮口中涌出,喷注白莲之上"。

唐丞相李德裕所建平泉庄,位于洛城外,据《平泉山居草木记》记载,庄内有瀑泉亭、流杯亭、双浯碧潭等景点。

唐代著名诗人白居易在江西江州(今九江)建草堂,"云水泉石,胜绝第一","仰观山,俯听泉",是利用环境的上乘理水之作;后又在洛阳建"履道里园",地方17亩,屋室三之一,水五之一,竹九之一,而岛池桥道间之"。就是说,17亩园林中,建筑面积占1/3,水面占1/5,竹林占1/9。

南山寺庭园是唐太傅陈邕的宅园，位于福建漳州，该庭院利用丹霞山与九龙江之天然山水，巧为布局，凿池叠石，山池清秀，宅门朝向九龙江，寓意龙口吞吐龙江水，蔚为大观。因建筑规模宏大、精巧，有人告其僭越之罪，为免灭门，其女金花劝父献宅为寺，己则削发为尼，始免大祸，遂成为我国唯一寺门朝北之古刹，至今保存完好。

1.2.7 宋元时期

宋元时期(宋:960—1279;元:1206—1368)园林艺术向精美细腻、醉心于手法的发挥和着意于形式美观的景观体系发展，叠山、理水、莳花都十分考究。如苏州沧浪亭“前竹后水、水之阳又竹、无穷极”。北宋末期，曾研制成功喷水的“瓷洗”和“铜现”，如现存浙江省博物馆的“喷水鱼洗”，是一个青铜制品，形如深腹脸盆、盆底铸有四尾鱼纹，沿口有双耳，鱼洗内盛水后，用手心在双耳上来回摩擦，洗内水面便逐渐跃动，发出嗡嗡响声，继而喷出高高水珠，状似急风骤雨，蔚为奇观，被誉为“绝代之珍”。

13世纪，南宋淳佑年间(1241—1252)，杭州黄龙洞利用泉水实施黄龙吐水、青龙吐水、二龙戏水等景，今开辟成杭州黄龙洞公园。

元代宫苑——禁苑于至元九年建成，引金水河水西流到万岁山后，用龙骨水车，汲至山顶，从右龙口流注于方池，再顺流至仁智殿，由石刻蟠龙高昂之龙头口中喷出，然后东西分流入太液池。

我国的园林艺术发展至元代，相当于欧洲文艺复兴初期，水景多依托自然水流，属于理水艺术，虽具有“一水三山”精美细腻的中国特点，但在水景规模方面不及欧洲的发展水平，加之中国的园林建的快，由于战乱与天灾人祸破坏毁灭的也快，主要依靠历代史官的记载，文人墨客的描述及旅游家们的游记，才得以反映我国园林水景发展的一斑。

1.2.8 明清时代

明代相当于欧洲文艺复兴鼎盛时代。明清时代(明:1368—1644;清:1616—1911)是中国古典园林的发展出现第三次高潮，北京与江南名园迭兴，历史上著名的造园家计成的园林理论名著《园冶》于17世纪中叶问世。明代中期著名旅行家、探险家徐霞客的《徐霞客游记》，开篇写于浙江省宁海县的岙路镇，游记中有一篇生动记载着游历云南鸡足山时，发现寺内的一处喷泉美景，生动地描述为："轩中水由亭沼中射空而起，其高将近三丈，玉痕一缕，自下而上喷，随风飞洒，散作雪花，前观之，甚奇"。他发现在喷泉附近的三丈高处的一个山崖有水池，用锡管承接至亭沼喷出，形成了如此壮观的喷泉。

清朝最具代表性的，是始建于康熙四十八年（公元1709年）有"万园之园"之誉的圆明园，以水为主题，因水成趣，变幻无穷的水系构成了山重水复，层叠多变的百余处景点空间，既是天然景色的缩影，又是烟水迷离的江南水乡风物再现的旷世名园。

1747年乾隆先后在圆明园修建了西洋楼"谐奇趣"、"海晏堂"、"大水法"等3处大型喷泉。"大水法"喷泉由10只动态各异的铜狗组成，狗嘴喷泉，喷向铜鹿，名为"猎狗逐鹿"喷泉。"海晏堂"具有西洋楼景群中规模最大水景，西洋楼正楼朝西，门前左右有弧形叠落式石阶数十级，环抱楼下喷泉水池。池东高耸一尊巨型石雕贝壳形蕃花，12座人身兽首，身穿罗汉袍铜铸塑像，分别是十二生肖：鼠、兔、狗、龙、蛇、鸡、羊、马、猪、牛、虎、猴，呈八字形排列于水池的左、右两侧，每侧6个。猪首位于左侧第一个。这组喷泉构思独特、设计巧妙，被称为十二生肖"水力钟"。每个动物就是一个机关，用人力龙骨车提水，每到一个时辰（2 h为一个时辰，一天12个时辰），相应的动物口中就喷水，十二生肖轮流喷水，构成连续不断的喷水时钟。当年游人路经此处，只要看看是哪只动物喷水，就知道是什么时辰了。到正午时分，12只生肖动物同时喷水，煞是壮观。据称此"水力钟"是为乾隆60岁生日所建。1860年10月英法联军入侵北京，圆明园遭野蛮焚毁、抢掠。十二生肖难逃厄运，从此流失海外。2003年10月，牛、虎、猴、猪4兽首回归故国。据悉兔首现存法国，马首存中国台湾，其他包括狗、龙、蛇、鸡、羊首仍下落不明。

台湾建筑学家归纳总结我国明清园林理水艺术指出："石令人古，水令人远，园林水石，最不可无。要须回环峭拔，定扦得宝。一峰则太华千寻，一勺则江湖万里，又须修竹老木，怪藤丑树，交复角立，苍涯碧涧，奔泉风流，如入深岩绝壑之中"（《明清建筑二论》），说的是明清园林理水的精巧缩微的景观。园林佳作离不开石与水，一块石头犹如山峰千寻，一勺水可成河湖万顷。体现了中国园林理水艺术的清雅素净，富于野趣的特点。

19世纪至20世纪上半叶是中国多事之年代，20世纪末期的20多年，中国经济建设迅速发展，随着城市现代化加速以及人们生活水平的提高，环境意识不断加强，带来了人造水景艺术空前发展。

1.2.9　20世纪以来人造水景艺术的发展特点与趋势

1.人造水景的主要设备与部件得到发展、开发

人造水景的主要设备水泵性能的提高，对人造水景的设计与建造起着关键作用。20世纪前半叶，我国的人造水景主要采用离心泵。因此除水景主体外，还需设计与建造附属水泵房。占地面积较大，管理较复杂，造价较高。后出现高性能、密封性能良好的潜水泵，多级潜水泵，漏电安全保护系统的绝对安全可靠，水泵可直接安装在水池内，不需要另设泵站，使水泵效率提高，管道系统简化，水头损失减小，能耗降低，从而使超高喷泉，如济南市大明湖108 m喷泉、银川市丽景湖公园128 m喷泉、东营清风湖公园128 m喷泉等成为现实。

雾化设备、造浪设备、气压涌泉设备、水幕电影、激光以及各种光源、高性能的电器元件等的开发与利用，为人造水景艺术开辟更为广阔的空间。

2.控制方式不断现代化

人造水景艺术的控制方式，由开始时的小型人工控制水景发展到程序控制、外接音乐控制、电脑音乐控制，使人造水景艺术成为变幻的雕像，有形的音乐，壮丽的舞台，飘缈的幽境，人造水景成为独立的艺术门类。

3.人造水景规模方面的发展现状与趋势

人造水景的发展规模兴起于工业企业、公共建筑的点缀，渐成为大、中、小城市的标志，风景区的品牌，旅游区的主题，纪念性设施等，并向与人们生活息息相关的居住小区，所谓“水景住宅”普及与渗透。“就人生而言，也应平衡于山、水之间。水边给人喜悦，山地给人安慰。水边让我们感知世界无常，山地让我们领悟天地恒昌。水边让我们享受脱离长辈怀抱远行的刺激，山地让我们体验回归祖先居所的悠悠厚味。水边的哲学是不分昼夜，山地的哲学是不知日月”(余秋雨《行者无疆》)。我国房地产企业家诠释现代人的这种择居心理，千方百计以水作为要素，或理水，或无水引水、“借水”，或人造水景，以满足“智者乐水，仁者乐山”，择水而居的趋势，提高住宅区的品牌与价格。因此20世纪的最后10年、20年，水景住宅应运而生。这也是人造水景业者应予适应与求索的方向之一。

4.由观赏性向参与性、趣味性、娱乐性、环保性及纪念性开拓

人造水景艺术在发展的初期，主要以观赏性为主。参与性与趣味性的水景艺术如跳泉、踩泉、光亮泉、马蹄形水道、旱式喷泉、会唱歌的喷泉，使人既得到艺术享受，又能与水融合一起，尽情嬉戏。娱乐性的水景艺术如水上乐园，在水上娱乐的历程中，各种水景闪烁而过，或突然如矢射出，或奇光异彩掠过，或穿越水帘沐浴，虽成“落汤鸡”，但工作、学习的劳累与紧张，在惊呼声中一扫而空，获得的却是一身轻松、惬意。

环保性的水景艺术，在水流、喷泉水雾区测定的负氧离子浓度，最高达每立方厘米 3 600 个，一般也达 1 500 ~ 1 800 个，比一般地区高出 3 ~ 4 倍，属“相当有利”或“极有利”于人体健康级环境(即第五、六级)以上，负氧离子浓度与人体生活环境的关系参考表 1.1。

表 1.1　负氧离子浓度与人体生活环境的关系参考值

负氧离子浓度/(个·cm^{-3})	< 600	600 ~ 900	900 ~ 1 200	1 200 ~ 1 500	1 500 ~ 1 800	1 800 ~ 2 100	> 2 100
级别	一	二	三	四	五	六	七
对人体生活环境适宜程度	不适宜	正常	较有利	有利	相当有利	很有利	极有利

纪念性的代表作，如南昌市江西师范大学瑶湖校区建造的“梦剧场”，是为纪念我国明代的伟大戏剧家、与英国的戏剧巨匠莎士比亚齐名的汤显祖而建，汤显祖逝世于公元 1616 年，距今(2009 年)已有 393 年了。“梦剧场”是以演出汤翁名剧为主的专用剧场，主要由艺术厅廊、剧场、影院、音乐厅、雕塑艺术、音乐喷泉等组成，构造出富有诗意的人文建筑群。又如为了纪念林则徐焚烧鸦片而建造的广东省虎门喷泉广场，采用喷泉水形、彩灯烘托及激昂音乐制造出熊熊烈火的形象，象征中华民族的浩然正气。

5. 水幕电影的开发与提高

由中美合资宜兴太平洋金龙水设备有限公司首先研制成功，1996 年获得国家专利的水幕电影，于 2003 年，在中国武汉首届国际旅游节(2003 年 9 月 12 日 ~ 10 月 7 日)期间展演。这座高 12 m，宽 25 m，浮于万里长江武汉段江面的水幕电影，成为旅游节的主体项目，被《长江日报》、《武汉晚报》、《楚天都市报》等媒体广泛报道与描述。无独有偶，同年 11 月 3 日，在上海浦东世纪公园 12 万 m^2 的镜天湖举行的第三届中国上海国际艺术节的开幕庆典上，也演出了由法国提供的水幕电影。西东呼应，中西合璧，把中国的水景艺术推向了又一新的高峰。这也是高科技综合性水景艺术的开发与制作,成为我国水景艺术发展的第五个特点。

6.把建筑与人造水景融成一体,使建筑物成为水晶宫

作为我国蓬勃发展的现代化城市的代表——古城苏州,于2006年建成的全球最高的人造瀑布景观大楼,位于该市国际服装城的南端,楼高110 m,建筑面积19 437 m^2,主瀑布从高达百米的高楼上沿玻璃幕墙飞泻而下,伴着美妙的音乐,和谐的灯光,组合成100多种水景瀑布变幻景观,并可放映水幕电影。建筑与人造水景瀑布融成一体,外墙悬挂水幕,既可作为装饰,又可利用太阳能,室内冬暖夏凉,色彩斑斓,使大楼成为名副其实的水晶宫(图1.17)。

图1.17 苏州人造瀑布景观大楼

7.点面结合,科学设计,经济美观,更为理性地发展人造水景艺术

各级政府以及大型工矿企业,为了美化城市,搞好人民的生活环境,而公建的水景项目,规模较为宏大。这类水景作为“点”,数量必然较少;而住宅小区、机关学校、中小企业、道路绿化带、街心花园、公园景区、公共建筑、商店宾馆等处,各类人造水景可以普遍开花,作为“面”。“面”上水景的需求无穷,可以大量建造。“点”“面”结合,人造水景有着极为广阔的市场与发展空间。人造水景行业将会完善与配套自身标准与技术规范,使人造水景的设计与建造更为理性,并不断创新,把人造水景艺术持续推向新的高峰。

“水”可能是所有景观设计元素中最具有吸引力的一种,它极具有可塑性,并有可静止、可活动、可发出声音、可以映射周围景物等特性,所以可单独作为艺术品的主体,也可与建物、雕塑、植物或其他艺术品相结合,创造出独具风格的作品,因此水景在公共艺术的范畴里,应该占有重要的一席之地。因为早期水景大多与艺术品相搭配,所以其演变也是由传统的观赏雕像或神像喷泉、水池,进入与抽象造型相结合的水景,再进到与周围环境相配合的水景,以及能够让人亲近接触的亲水性水景。对于水体而言,如果把它积存起来,时间久了就容易干涸。那么不如让它流动着,纵然流走了,却是有生机的。就此,我们把水体按照状态分成了静态和动态。下面两章我们分别介绍一下静态水景与动态水景。

第2章 静态水景

2.1 静态水景概论

2.1.1 园林静态水景

静态水景是相对而言，静态水景只是说明它本身没有声音、很平静。这些都是人的视觉、听觉的主官感受。园林风景中的静态水面，大者如武汉东湖、杭州西湖、北京昆明湖，小者为一池一潭。中国传统园林中的静态水景设计，首先是着眼于其载体的形式，如一池三山、四渎四海，有源有流，有聚有散，然后给以动态的利用，如观鱼游、蛙泳、观水草、赏荷、造影等等。而外在的自然因素如风也可使之变为动态，如“风乍起，吹皱一池春水”，由此而产生那些富有观赏性、象征性、文化性、哲理性的人文精神的内涵。

静态的水虽无定向，看似静谧，却能表现出深层次的、细致入微的文化景观。静水能反映出周围物象的倒影，增加空间的层次感，给人以丰富的想象力。在色彩上，静水能映射出周围环境的四季景象，表现出时空的变化；在风的吹拂下，静水会产生微动的波纹或层层的浪花，表现出水的动感；在光线的照射下，静水可产生倒影、逆光、反射等，这一切都能使水面变得波光晶莹，色彩缤纷。

水是美的，但是更需要与之相衬托的景观饰物如驳岸砌石、渡桥汀步、水中生物、实用小品（如水钵、饮水器）以及雕塑等和观景三亭、台、榭、船甚至玩水的游戏设施、小游泳池等，才能使园林理水艺术更为丰富。

大自然的鬼斧神工创造了美丽的湖、海（图2.1～2.3），这是我们园林湖、海（图2.4～2.6）的创作源泉。

图 2.1　海岛上的礁石

图 2.2　静水(作者:程文举)

图 2.3　风景如画的大海静水面

图 2.4　公园人工湖静水水景

图 2.5　奥运静水区人工湖

图 2.6　静水江南

2.1.2　室内静态水景

人们现代生态园林意识的产生与发展,不仅仅停留在室外园林工程建设之中,也逐渐向室内园林建设中渗透。室内水景已成为时尚的室内园林建设项目之一,且以其造景改善环境和高雅艺术效果、运动功能的优势而被人们广泛接受。

室内静态水景具有宁静、澈澄、朴实等特点，常见的有以下三种。位于流水一端的水池；“延而为溪，聚而为池”——具有相对的静止状态；喷水池在停止喷水时所呈现的静态水景。

1.静水的形

静水水面的形是由水池形状表现出来的，一般有规则的几何形和不规则的自然形。室内水面形状的确定主要取决于室内结构与环境的功能要求和审美要求。功能要求主要指室内功能分区及动线，因为水面在空间中是不可逾越的部分，它界定了人们的活动范围，所以水面的边界线宜在室内的功能区及通道相适应。审美要求包括水面形状本身的形式美和意象，以及它与室内整体结构与环境的协调与有机联系。

除了水池形状以外，池壁细部对水面形状也有一定影响，池壁形式通常有以下几种：

(1)池壁高出地面 这是较普遍的一种形式，一般池壁高出地面约250~450 mm，既有存水功能，又可作为人们休息的坐处(图2.7)。

(2)池壁与地面相平 采用这种形式时，为防止人们不注意跌入水中，往往在池壁外围明显地改变地面铺装或布置花盆等以示提醒(图2.8)。

(3)沉床式水池 池壁低于四周地面，地面与水池之间用台阶相连，一般应用较少。

图2.7 池壁高出地面的水池

图2.8 池壁与地面相平的水池

池壁材料同样影响水面景观。室内常见的是钢筋混凝土池壁上用花岗岩等天然石材或人工砖、石材贴面，也有作塑桩护壁、自然石护壁的，给人一种自然的野趣。

另外，要保持水池池景之美，必须经常保持一定量的水，给水管既是为补充水池内因水分蒸发而设的进水通道，同时又可以在水池排出污水时起到冲洗水池的作用。一般设于池之中央或另一端，可以结合间歇性的喷水或落水给以补充。另外为使过多的水和陈腐的水排出，还应有排水措施。排水口有两种，一为水平排水的溢水口，一为水底集水坑排水。水平排水可保持池水有恒定的深度，当入水量超过溢水口时，水自会从排水口溢出。水底排水是为清理水池时用。为防止杂物流入而阻塞管道，溢水口和排水口宜设滤网。

2.静水的景

静水的景有两类。一是借水的色和光映出的虚景；另一是借静水作为基底托出山石、花木等实景。

(1)虚景　静水的清澈透明能很好地映出其容器的图案、色彩和纹理，表现一种视觉趣味。如在池底以材质和色彩的对比，刻画出象征流水特性的旋涡形、波浪形、轮形、放射形等各种图案。这些图案因水层的缘故，产生强彩度色彩突出，暗彩度色彩下沉的特有效果，将流水纹表现得淋漓尽致。

(2)实景　静水水面作为基底托浮水中景观。常见的实景有水生植物、水生动物、山石或小品、岛状空间等。

水面除生成虚景和衬托实景以外，还被用来控制人们的行为和视距，以便获得良好的景观效果。

2.2　人工湖

湖属于静态水景，有天然湖和人工湖之分。前者是自然的水域景观，如著名的陕西华清池、云南滇池、杭州西湖等。人工湖是人工依地势就低挖凿而成的水域，沿岸因境设景、自成天然图画，如深圳仙湖、北京十三陵水库及一些现代公园中的人工大水面。湖的特点是水面宽阔平静，具平远开朗之感。除此，湖往往有一定水深而利于水产，还有较好的湖岸线及周边的天际线，“碧波万顷、鱼鸥点水、白帆浮动”是对湖的特色的描绘。

2.2.1　人工湖的平面设计

1.人工湖平面的确定

根据造园者的意图确定湖在平面图上的位置，是人工湖的设计的首要问题。中国许多著名的园林均以水体为中心，四周环以假山和亭台楼阁，环境幽雅，园林风格突出，充分发挥了人工湖在工程建设中的作用，如颐和园（图2.9）、拙政园（图2.10）等。人工湖湖的方位、大小、形状均与园林工程建设的目的、性质密切相关。在以水景为主的园林中，人工湖的位置居于全园的重心，面积相对较大，湖岸线变化丰富，并应占据园中的某半部，如北京圆明园，西安兴庆公园（图2.11）、莲湖公园（图2.12）等。

图2.9　北京颐和园

图2.10　苏州拙政园

图2.11　西安兴庆公园

图2.12　西安莲湖公园

2.人工湖水面性质的确定

人工湖水面的性质依湖面在整个园林的性质、作用、地位而有所不同。以湖面为主景的园林，往往使大的水面居于园的中心，沿岸以假山和亭台楼阁；或在湖中建小岛，以园桥连之，空间开阔，层次深远，如苏州拙政园。而以地形山体或假山建筑为主景，以湖为配景的园林，往往使水面小而多，即假山或建筑把整个湖面分成许多小块，绿水环绕着假山或建筑，其倒影映在水中，更显其秀丽和妩媚，环境更加清幽，如承德避暑山庄烟雨楼景区（图2.13），圆明园三园中的绮春园（图2.14）等。

图 2.13 烟雨楼景区的一角

图 2.14 绮春园景区的一角

3.人工湖的平面构图

确定了湖水面的性质后,就依据水面的性质构图。人工湖的构图主要是进行湖岸线的平面设计。我国的人工湖岸线型设计以自然曲线为主,图 2.15 是湖岸线平面设计的集中基本形式。

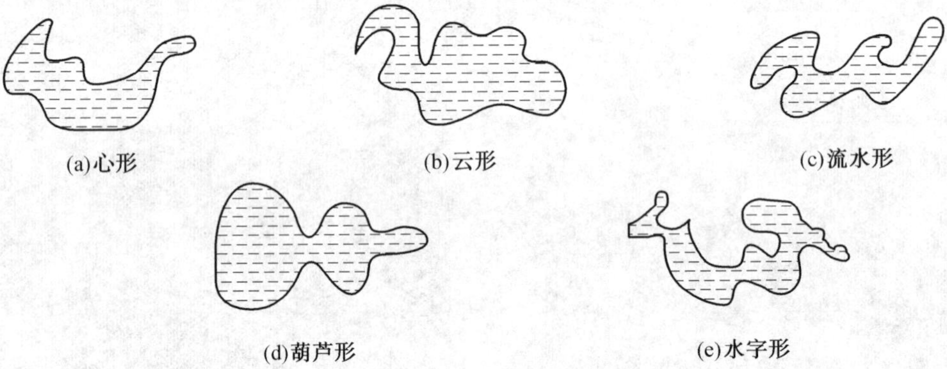

图 2.15 湖岸线平面设计形式

4.人工湖平面设计应注意的问题

在具体设计时要特别注意以下几点。

(1)应注意水面的收、放、广、狭、曲、直等变化,达到自然并不留人工造作痕迹的效果。

(2)不要单从造景上着眼,而要密切结合地形的变化进行设计。如果要能充分考虑到实际地形,不但能极大地降低工程造价,而且能因地制宜。例如,为了满足假山的山势和排水需要,颐和园后湖中两个呈喇叭形展开的水面,正是后山两条汇水谷道的排水口。这样设计,不仅具有实际作用,而且会使意境更加接近自然而生动逼真。

(3)现代园林中较大的人工湖设计最好能考虑到水上运动和赏景的要求。

(4)湖面设计必须和岸上景观相结合。

2.2.2 人工湖选址的要求

平面设计完成后,就要对拟挖湖所及的区域进行土壤探测,为施工技术设计做准备。在实际测量漏水情况时,首先在挖湖前应对拟挖湖的基础需要进行钻探,要求钻孔之间的最大距离不超过100 m,待土质情况探明后,再决定这一区域是否适合挖湖,或施工时应采取的工程措施。人工湖基址对土壤的要求如下:

(1)黏土,砂质黏土,壤土,土质细密、土层深厚或渗透力小于0.006~0.009 m/s的黏土夹层是最适合挖湖的土壤类型。

(2)以砾石为主,黏土夹层结构密实的地段,也适宜挖湖。

(3)沙土、卵石等容易漏水,应尽量避免在其上挖湖。如漏水不严重,要探明下面透水层的位置深浅,采用相应的截水墙或用人工铺垫隔水层等工程措施。

(4)当基土为淤泥或草煤层等松软层时,必须全部挖出。

(5)湖岸立基的土壤必须坚实。黏土虽透水性小,但在湖水到达低水位时,容易开裂,湿时又会形成松软的土层、泥浆,故单纯的黏土不能作为湖的驳岸。

2.2.3 水量损失的测定和估算

水量损失主要是由于风吹、蒸发、溢流、排污和渗漏等原因造成的损失。

1.湖面水分蒸发量的测定和估算

对于面积较大的人工湖,湖面的蒸发量是非常大的,为了合理设计人工湖的补水量,测定湖面水分蒸发量是十分重要的。

目前,我国主要采用E-601型蒸发器对水面蒸发量进行测定,但其测定的数值比实际的蒸发量大,因此,必须乘以0.75~0.85的折减系数。在缺乏实测资料时,可按下式估算

$$E = 0.22(1 + 0.17W_{200}^{1.5})(e_0 - e_{200}) \tag{2.1}$$

式中 E——水面蒸发量,mm;

e_0——对应水面温度的空气饱和水气压,mbar(1bar = 10^5Pa);

e_{200}——水面上 200 cm 处的空气水气压,mbar;

W_{200}——水面上空 200 cm 处的风速,m/s。

2.人工湖渗漏损失的估算

水景设计时,只有了解整个湖底、岸边的地质和水文情况后,才能对整个湖渗漏的总水量进行估算。根据地质情况及驳岸防漏情况,渗漏损失可参考表2.1所示。

表 2.1 渗漏损失表

情况等级	全年水量损失(占水体体积的%)
良好	5~10
中等	10~20
较差	20~40

2.2.4 人工湖底及防渗层设计

当地层不漏水时无需进行湖底处理,如北京龙潭湖、紫竹院等。

1.湖底基层的设计

一般土层经辗压平整即可。砂砾或卵石基层经辗压平整后,面上须再铺 15 cm 细土层。如遇有城市生活垃圾等废物应全部清除,用土回填压实。

2.湖底防水层的设计

现在的人工景观人工湖,大部分都有渗漏问题,景观水的流失造成后期的绿化不美观,水质处理无法改善,影响周围其他的建筑物等问题,因此要进行防水层设计。

用于湖底的防水层的材料很多,主要有聚乙烯防水毯、聚氯乙烯防水毯、三元乙丙橡胶、膨润土防水毯、赛柏掺和剂、土壤固化剂等,详见表 2.2。

表2.2　常见人工湖地做法

序号	防水材料	主要特性	做　法
1	聚乙烯防水毯	由乙烯聚合而成的高分子化合物。具有热缩性耐化学腐蚀，成品呈乳白色，含碳的聚乙烯能抵抗紫外线，一般防水用厚度为0.3 mm的防水毯	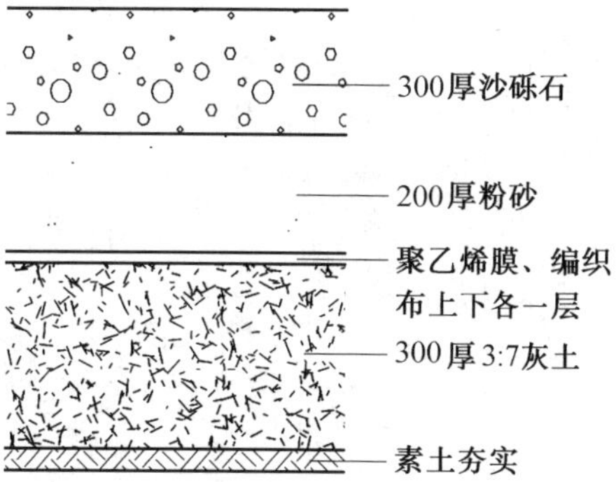
2	聚氯乙烯防水毯（PVC）	由乙烯聚合而成的高分子化合物。其拉伸强度＞5 MPa，断裂伸长率＞150%，耐老化性能好，使其寿命长，原料丰富，价格便宜	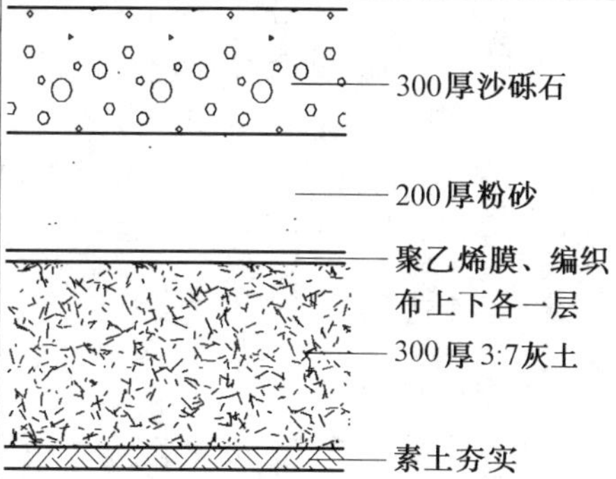
3	三元乙丙橡胶（EP－DA）	由乙烯、丙烯和任何一种非共轭二烯烃聚合成的高分子聚合物，加上丁基橡胶混炼而成的防水卷材，耐老化性能好，使用寿命可长达50多年，拉伸强度高，断裂伸长率为450%，因此抗裂性能极佳，耐高低温性能好，能在－45～160℃长期使用	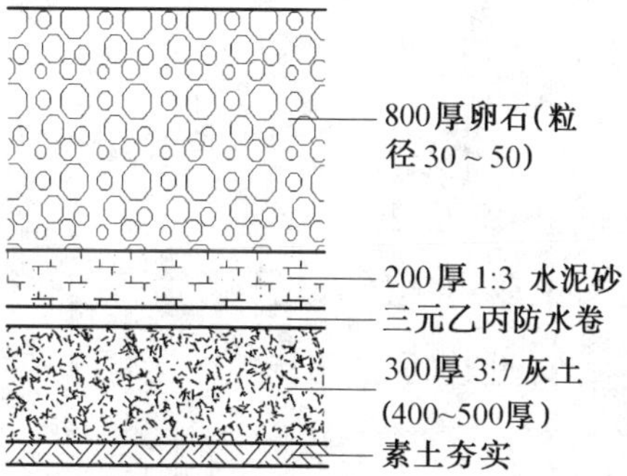
4	膨润土防水毯	一种以蒙脱石为主的黏土矿物，具有遇水后膨胀形成不透水的胶状物，渗透系数为1.1×10^{-11} m/s，土工合成材料，膨润土垫（GCL）经常采用有压安装，遇水后产生反向压力，其自愈修补裂缝的功能可直接铺于夯实的土层上，安装容易，防水性久	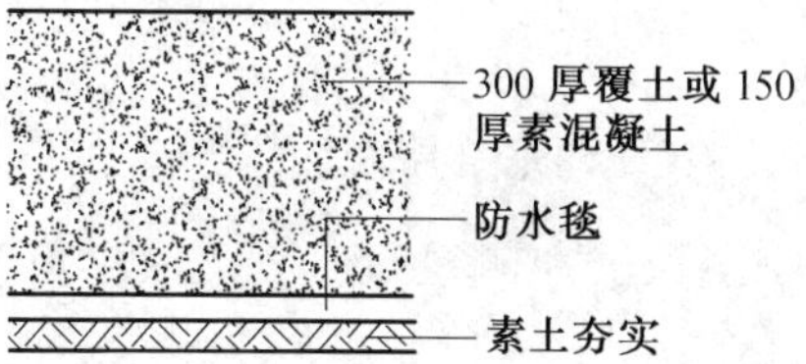

续表 2.2

序　号	防水材料	主要特性	做　　法
5	赛柏掺和剂	水泥基渗透结晶型防水掺合剂，灰色结晶状粉末，遇水后形成不溶于水的网状结晶，与混凝土融为一体，阻断混凝土中的微孔，达到防水目的	
6	土壤固化剂	是由多种无机物和有机物材料配制而成的水硬性复合材料。适用于各种土质条件下的表层、深土层的改良加固，固化剂中的高分子材料通过交联形成三维网状结构，提高土壤的抗压、抗渗、抗折性能，其渗透系数不大于 1×10^{-7} cm/s，固化剂元素无污染，对水的生态环境无副作用，水中动植物可健康生长	清除石块、杂草，松散土壤均匀拌合固化剂，摊平、碾压、常温养生，经胶结的土粒，填充了其中的孔隙，将松散的土变为致密的土而固定

这些材料之中膨润土防水毯经过一年多的多方论证，最终被选定为 2008 年北京奥运龙形水系防渗工程的基本防渗材料。膨润土防水毯是具有国际先进水平的生态环保型防水防渗材料之一，自 20 世纪 80 年代后期问世以来，在几十个国家的人工湖、园林绿化、房屋建筑、市政工程、水利工程、垃圾填埋场等许多领域得到了广泛的应用。最近几年我国在城市生态水利的防渗工程中使用了该产品，普遍反映效果甚佳。图 2.16 为奥运龙形水系无地下建筑硬质河床防渗工程。

3.保护层的设计

在防水层上平铺 15 cm 过筛细土，以保护塑料膜不被破坏。

4.覆盖层的设计

在保护层上覆盖 50 cm 回填土，防止防水层被撬动。其寿命应保持 10～30 年。

人工湖底的施工、防水材料及现场见图 2.17～2.26。人工湖在设计完成后施工过程中，首先要按照设计在基址上进行放线，见图 2.17；其次按照放线区域挖河床，见图 2.18；接下来进行防渗工程（图 2.19）和驳岸工程（图 2.22）等工程处理。

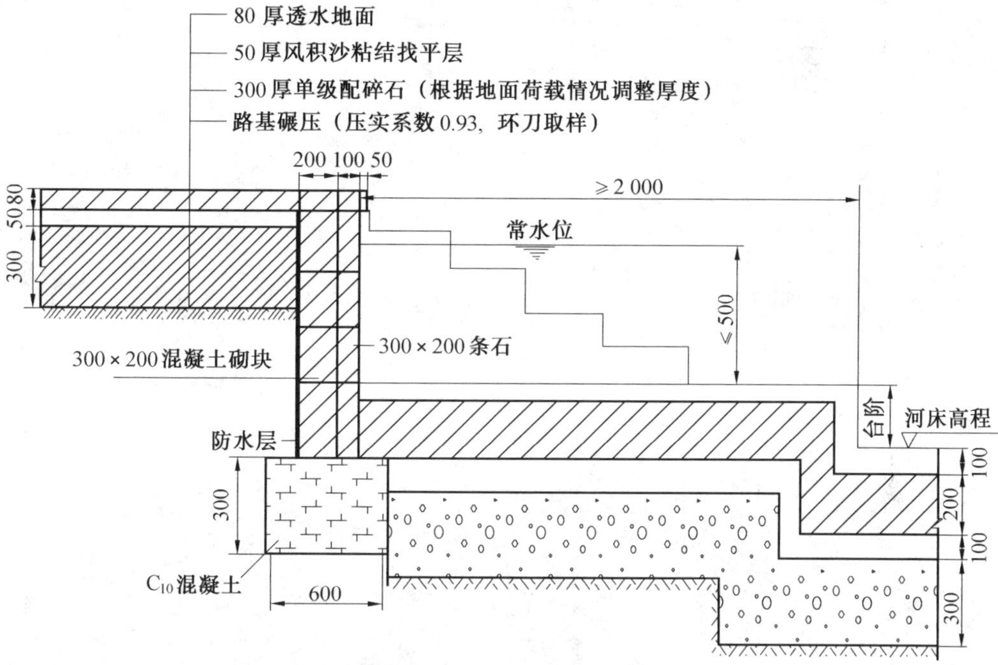

图 2.16　奥运龙形水系无地下建筑硬质河床防渗设计

图 2.17　放线准备施工的人工湖

图 2.18　正在开挖的河床

图 2.19　湖底铺设的防水毯

图 2.20　防水层焊接示范

图 2.21　工人正在湖底做防水施工

图 2.22　湖的混凝土砌石驳岸

图 2.23　做好防水正在注水的人工湖

图 2.24　砌石驳岸的人工湖

图 2.25　膨润土防水毯的人工湖

图 2.26　野鸭栖息在鸟巢前人工湖

2.2.5　举例说明人工湖湖底做法

北京某公园及莲花池公园人工湖湖底做法(图 2.27,图 2.28)。

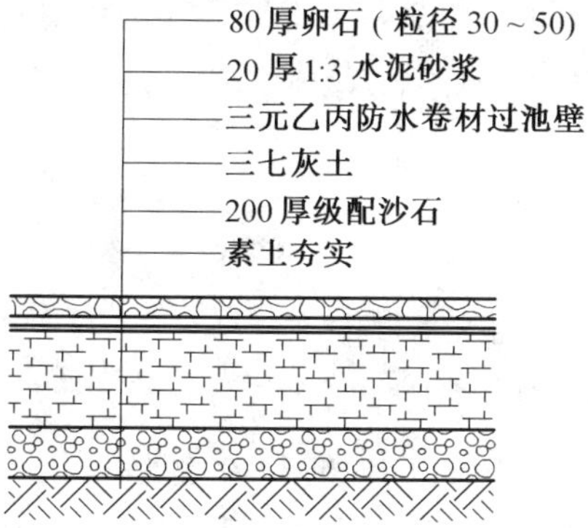

图2.27　北京某公园湖底做法

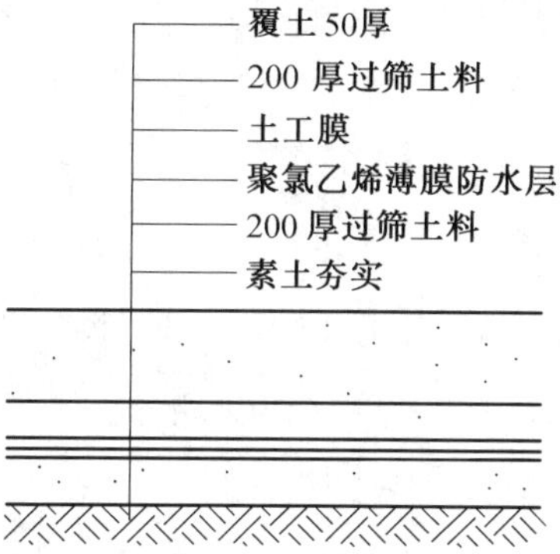

图2.28　莲花池公园人工湖湖底做法

2.3　水　　池

池是静态水体,形式多样,可由设计者任意发挥。一般而言,池的面积较小,岸线变化丰富且具有装饰性,水较浅,不能开展水上活动,以观赏为主,现代园林中的流线型抽象式水池更为活泼、生动、富于想象。我们这里所说的水池不同于河流、湖和池塘,主要是因为河流、湖和池塘多取自天然水源,一般不设上下水管道,面积大且只做四周驳岸的处理。而水池面积相对较小,多取自人工水源,因此必须设计进水、溢水和泄水管线,而且除池壁外,池底也必须人工铺砌。

水池是最常见的水景工程,水池的设计通常分为平面设计、剖面设计、立面设计、管线安装设计四大部分。

2.3.1　水池的平面设计

水池的平面设计首先应明确水池在地面以上的平面位置、尺寸和形状,这是水池设计的第一步。水池的大小和形状需要根据整体园林工程建设来确定,其中水池形状设计最为关键,水池按池岸的线型种类分为两类。

1.自然式水池

自然式水池池岸线为自然曲线。在公园的游乐区中以小水面点缀环境,水池常结合地形、花木种植,设计成自然式;在水源不太丰富的风景区及生态植物园中,也需要在自然式的水池培养荷花鱼类等各种水生生物。在动物园中,河马、海豚等大型水生动物,需要与大自然相近的栖息地,水池也常设计成自然式的;鸭、鹅等水禽的游息地,宜与草皮坡地相连,自然而有情趣,其水池设计都为自然式。这一类型的水池在中国园林中最为常见,日本园林中也较普遍。

2.规则式水池

规则式水池的池岸线围成规则的几何图形,显得整齐大方,是现代园林建设中应用越来越多的水池类型。在西方园林中的水池大多为规则的长方形或正方形,在我国现代园林中,也有很多规则式水池,而规则式水池在广场及建筑物前,能起到很好的装点和衬托作用。

水池的平面设计应注意,水池的大小要与园林空间及广场的面积相互协调,水池的轮廓与自然地貌及广场、建筑物的轮廓相统一。无论是规则式还是自然式水池都力求造型简洁大方。

2.3.2 水池的剖面设计

园林中的水池,一般深度不大,1 m左右或几十厘米。但面积的大小差异很大,大的有几百平方米,小的仅几十平方米。无论怎样的水池都必须做好结构剖面设计。

池水的深度不同,水对池壁的向外张力也不同。水池越深,对池壁的侧压力越大,池壁应越坚固。水池的防水处理也非常重要,无论使用哪种材料作池底和池壁,都需要精心设计,认真施工。砖墙或毛石作池壁时,其横向竖向的灰缝砂浆要饱满;混凝土浇灌紧密实在,但严防出现蜂窝,外面抹层更要压实抹光。根据水深、材料、自重以及防水要求等具体情况的不同,设计时应具体对待。

1.砖石墙池壁水池

水池深小于1 m,面积较小的池壁,防水要求不高时,可以采用图2.29、图2.30的设计。

如果对水池的防水要求较高,一般采用砖墙,加二毡三油防水层(通常称为Z层,图2.31)。因为砖比毛石外形规整,浆砌后密实,容易达到防水效果,也可采用现代新型材料,如SBS等。

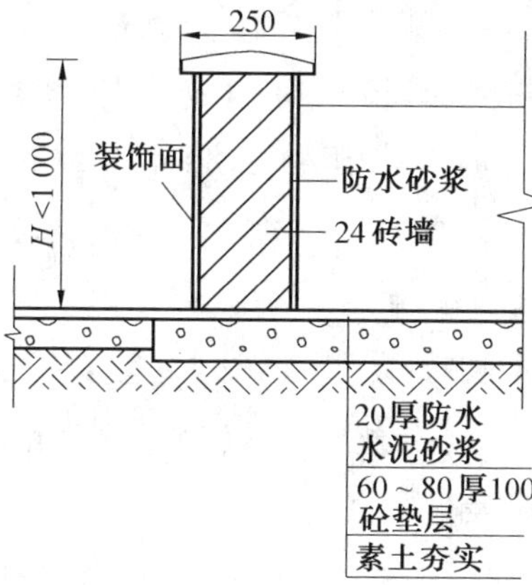

图2.29 砖水池

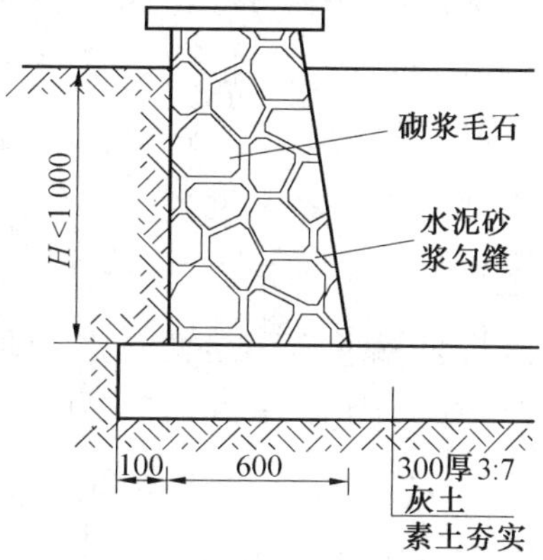

图2.30 简易毛石水池

2.钢筋混凝土池壁水池

钢筋混凝土结构的水池，特点是自重轻，防渗漏性能好，同时还可以防止因各类因素所产生的变形而导致池底、池壁的裂缝。池底、池壁可以按构造钢筋配 Φ8～12 mm 圆钢筋，间距 200～300 mm。水池深壁为 600～1 000 mm 的钢筋混凝土水池的构造厚度配筋及防水处理可参考图 2.31、图 2.32。

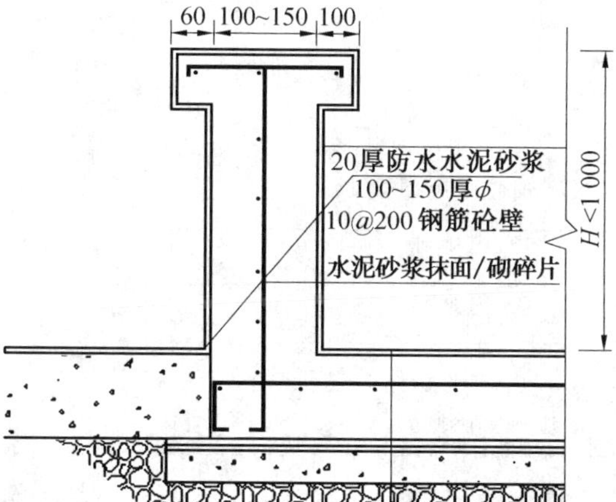

图2.31 钢筋混凝土地上水池

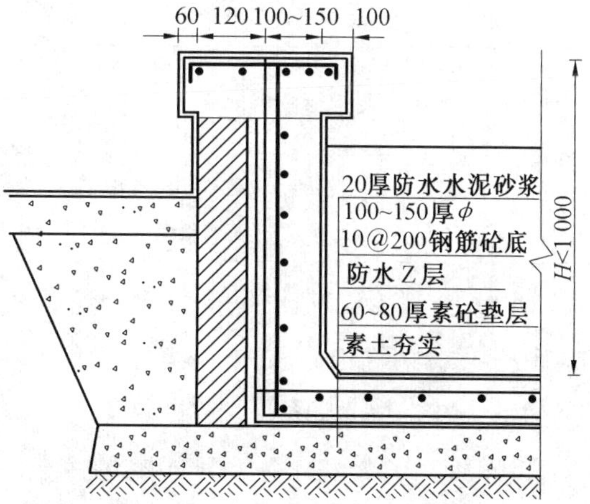

图2.32 钢筋混凝土地下水池

3.水池防止漏水、防冻的技术处理

(1)水池的防水处理方法　通常用防水砂浆和防水油抹灰。在水池壁及底的表面，抹 20 mm 厚的防水水泥砂浆或用水泥砂浆和防水油分层涂抹(称五层防水油抹灰)做防水处理。防水水泥砂浆的比例为：水泥：砂 = 1:3，并加入水泥重约 3%的防水剂。当用上述方法处理，在砖砌体和混凝土及抹灰质量严格按操作规程施工时，一般能取得较好的防水效果，节约材料，节约工时。

(2) 水池的防水处理方法　通常采用防水混凝土进行防水。在混凝土中加入适量的防水剂和掺和剂，在池底及池壁的表面抹 20 mm 厚此类混凝土，能极大地提高水池的抗渗漏性。其中一种是以调整混凝土配合比的办法提高其自身密实度和抗渗性的级配防水混凝土，如矿渣水泥、火山灰水泥；另一种是在混凝土中掺入少量的加气剂松香酸钠或松香热聚物，在其中产生大量微小而均匀的气泡，以改变毛细管性质来提高混凝土的抗渗漏性能。在施工时必须严格按照有关技术规范和操作规程施工才能达到防水效果。

混凝土抵抗水渗透的能力，是以 6 个试件中 4 个出现渗水时的最大水压力表示，也可采用相对渗透系数表示。抗渗能力通常用抗渗等级“P_n”来表示。分为 P_2、P_4、P_6、P_8、P_{10}、P_{12}，6 个等级(表 2.3)。n 代表在抗渗试验中混凝土试件所能抵抗的静水压力(kg/m²)。例如，自来水厂的水池，水塔管道、渠道、井筒等混凝土的抗渗等级不应低于 P_4。混凝土的抗渗性能与材料、水灰比、振捣等都有密切关系。

表 2.3　混凝土抗渗等级与相对渗透系数

抗渗等级	渗透系数	抗渗等级	渗透系数
P_2	0.196×10^{-7}	P_8	0.261×10^{-8}
P_4	0.783×10^{-8}	P_{10}	0.177×10^{-8}
P_6	0.419×10^{-8}	P_{12}	0.129×10^{-8}

混凝土的水灰比不能过大，当水灰比大于 0.6 时，抗渗性会迅速下降。混凝土必须采用机械振捣，钢筋混凝土结构的水池，还应具备一定的抗冻性、抗腐蚀性、热工性(指热胀冷缩)等。

混凝土的抗渗性用相对渗透系数表示(用液压下混凝土渗水高度求得)，其计算式为

$$P_R = \frac{mD_m^2}{2TH} \tag{2.2}$$

式中　P_R——相对渗透系数；

m——混凝土吸水率，一般为 0.03；

D_m——平均渗透高度，cm；

T——水压力（以水柱高度表示，cm）；

H——恒压持续时间，h。

（3）水池的防水处理方法　水池外包防水，一般采用油毡卷材防水层。方法是：在池底干燥的素混凝土垫层或水泥砂浆找平层上浇热沥青，随即铺一层油毡，油毡与油毡之间搭接 50 mm，然后在第一层油毡上再浇热沥青，随即铺第二层油毡，最后再浇一道热沥青即成。

池壁垂直的墙壁，要想做得与底部一样，比较困难，质量得不到保证。设计时，在防水层外面加一层单砖墙，并在水池外壁混凝土灌注之前，先将五层油毡防水层，贴在单砖墙上，在抹池壁内壁混凝土时将油毡压紧。另外，现在新型的 SBS 等防水材料的应用，极大地提高了防水性能。

（4）水池的防冻处理方法　在我国北方，冻土层较厚，加上冬季土壤中的水分不易蒸发，含水量相对较高。水在结冰时，体积增大。对于池壁在地下及半地下的水池来说，冻土对池壁产生向池内的推力，这种推力上大下小，容易使垂直的池壁产生水平裂缝甚至断裂。

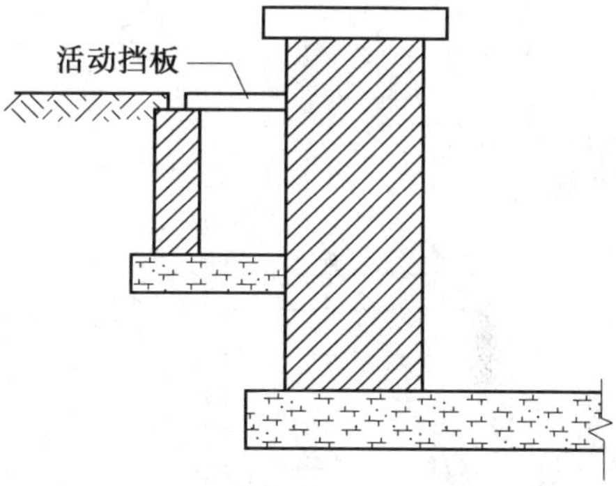

图 2.33　防冻沟

水池防冻处理法一种是在水池外侧填入排水性能较好的轻骨料，如矿渣、焦砟或级配砂石等，并解决好地面排水，排水坡度不小于 3%。另一种是在池壁外增设防冻沟。这条沟，既可以防止冻土与池壁接触，又可以排除地面雨水等，还可以用做水池排水（图 2.33）。

4.剖面图的设计

水池的剖面图，反映水池的结构和要求。剖面图从池壁顶部到池底基础标明各部分的材料、厚度及施工要求。剖面图要有足够的代表性。为了反映整个水池各部分的结构，可以用各种类型的剖面图。如比较简单的长方形水池，可以用一个剖切面，标明各部分的结构和材料。对于组合式水池，就要用两个或两个以上平行平面或相交平面剖切，才能够完全表达。如果一个剖面图不足以反映时，可增加剖面图的个数。

2.3.3 水池立面设计

立面设计主要是立面图的设计，立面图要反映水池主要朝向的池壁的高度和线条变化。池壁顶部离地面的高度不宜过大，一般为200 mm左右。考虑到方便游人坐在池边休息，可以增高到350～450 mm。

2.3.4 水池的管线安装设计

管线的布置设计，可以结合水池的平面图进行，标出给水管、排水管的位置。上水闸门井平面图要标明给水管的位置及安装方式；如果是循环用水，还要标明水泵及电机的位置。上水闸门井剖面图，不仅要标出井的基础及井壁的结构材料，而且应标明水泵电机的位置及进水管的高程。下水闸门井平面图应反映泄水管、溢水管的平面位置；下水闸井剖面图应反映泄水管、溢水管的高程及井底部、壁、盖的结构和材料。图2.34和图2.35分别为水池管线平面、立面布置示意图。

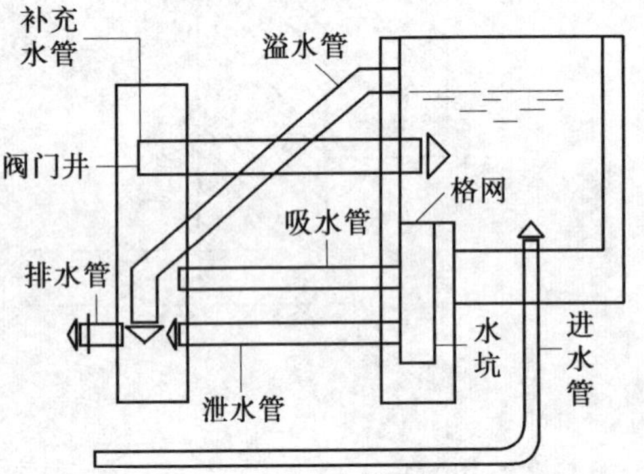

图2.34 管线平面布置示意图

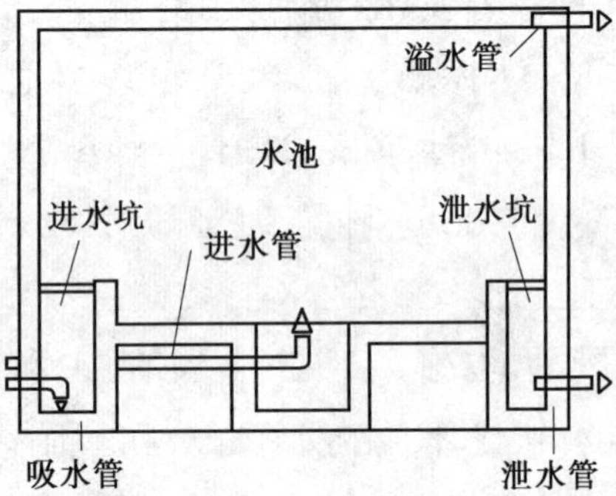

图2.35 管线立面布置示意图

各种水管的作用分别是：

进水管 供给池中各种喷嘴喷水或水池进水的管道。

溢水管 保持池中的设计水位，在水池已经达到设计水位，而进水管继续使用时，多余的水由溢水管排出。

泄水管 把水池中的水放回闸门井，或水池需要放干水时（清污，维修等），水从泄水管中排出。

补充水管 为补充给水，保持池中水位，补充损失水量。如喷水过程中，水沫漂散、蒸发等，启用补充水管。

回水龙头 在容易冻胀的北方地区，为保护水管，水使用后，放尽水管中的存水，用回水龙头。

水池的进水管与水泵相接，进入水池中，有人工喷泉时，直接进入喷泉总管道。溢水管的高程，与设计水位相一致。进水量超过设计水位时，池中水自溢水口流出，以保证设计水位。溢水管从池壁通往下水闸门井中，其在井中的高程应较高。溢水管的个数按水池的平面形状及进水情况决定。泄水管从水池的底部通出，进入下水闸门井。水经沉淀后，被水泵抽出，循环使用，池中的水有进有出，保持动态平衡，水质不变，而沉淀物由排水管排出。泄水管要求管径较大，否则容易堵塞，造成泄水不畅，同时要求进出两管口要有一定的高差。排水管可用瓦管或水泥管，管径应大于 Φ800 mm，以便排污。如果进水管中的进水量不能或不能很快达到设计水位时，可用补充水管。补充水管可由附近可利用的水源通往水池。

水管管径的大小，可根据水流量、流速等来确定。

$$D = \sqrt{4Q/\pi v} \tag{2.3}$$

式中 D——管径；

Q——流量；

v——水流速度。

2.3.5 水池设计审核

1.水池平面设计审核

水池平面设计审核时，主要看是否与所在环境的气氛、建筑和道路的线型特征和视线关系相协调统一。水池的平面轮廓要“随曲合方”，即体量与环境相称，轮廓与广场走向、建筑外轮廓取得呼应与联系。审核时要考虑前景、框景和背景的因素，不论规则式、自然式还是综合式的水池，都要看造型是否简洁大方而又具有个性的特点。水池平面的设计主要应显示其平面位置和尺度；与此同时，还要注意池底、池壁顶、进水口、溢水口和泄水口、种植池的高程和所取剖面的位置，以及设循环水处理的水池要注明循环线路及设施要求。

2.水池立面设计审核

水池立面图纸主要反映朝向、各立面的高度变化和立面景观；水池池壁顶与周围地面要有合宜的高程关系，既可高于路面，也可以持平或低于路面作成沉床水池。一般所见水池的通病是池壁太高而看不到多少池水。池边若允许游人接触，则应考虑坐在池边观赏水池的需要。池壁顶可做成平顶、拱顶和挑伸、倾斜等多种形式。水池与地面相接部分可以是凹入的变化；剖面应有足够的代表性，要反映从地基到壁顶各层材料的厚度。

2.3.6 举例说明常见水池池底做法

常见的人工水池做法，比较适于水面不大、防漏要求较高的水池。对于防渗要求更高的水池，可采用塑料薄膜作防水层，配上两层混凝土结构的做法。目前，一种叫 UEA（U 型混凝土膨胀剂）在水池工程中得到广泛应用。该种混凝土具有抗裂防渗、补偿收缩自应力等优良性能，合理使用可降低水池成本、缩短工期、保证工程质量。常见水池池底做法如图 2.36、2.37 所示。

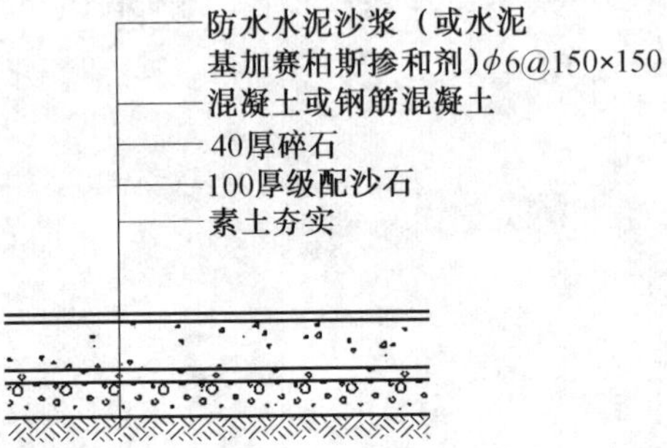

图 2.36　小型池底做法

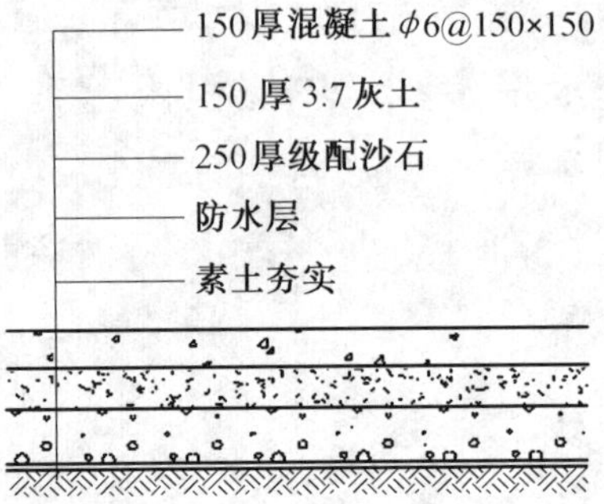

图 2.37　基址可能下沉的池底做法

2.4 水　　闸

水闸在风景名胜区和城市园林中应用比较广泛。小型水闸主要有叠梁式闸（图 2.38）、上提式闸（图 2.39）、橡胶坝（图 2.40）三种。如承德避暑山庄东面的武烈河旱涝无常，为了保证游览季节有河景可观，采用橡皮坝控制。橡皮坝在洪水时期可溢流放水，枯水季节可蓄水，使用效果很好。

图 2.38　叠梁式水闸

图2.39 上提式水闸

图2.40 橡胶坝

2.4.1 水闸的分类及作用

水闸是控制水流出入某段水体的水工构筑物。主要作用是蓄水和泄水。常设于园林水体的进出水口。水闸按其专门使用的功能可分为以下几种。

进水闸：设于水体入口处，起联系上游水源，调节和控制进水量的作用。

泄水闸：设于水体出口处，起调节和控制出水量的作用。

分水闸：在水体有支流时，用于在分流的情况下控制水体支流出水。

2.4.2 闸址选定

建设水闸，首要问题是选好闸址。选址时必须明确建水闸的目的，弄清设闸部位的地形、地质、水文等方面的基本情况；特别是原有和设计的各种水位与流速、流量等；要考虑如何最有效地控制整个受益地域，先粗略地提出闸址的大概位置，然后考虑以下因素，最终确定具体位置。

(1)闸孔轴心线与水流方向相顺应，使水流需通过时畅通无阻，避免造成因水流改变原有流向而产生淤积现象或水岸一侧被冲刷，另一侧淤积(图2.41)。

(2)避免在水流急弯处建闸，以免因剧烈的冲刷破坏闸墙与闸底。如由于其他因素限制，一定要在急弯处设闸时，则要改变局部水道呈平直或缓曲。

(3)选择地质条件均匀、承载力图大致相同的地段，避免发生不均匀沉陷。

选闸址时如能利用天然坚实岩层是为上策，在同样土质条件下，选择高地或旧土堤下作闸址比利用河底或洼地为佳。

2.4.3 水闸结构

水闸的结构是发挥水闸功能的关键。水闸的结构由下至上可分为以下三

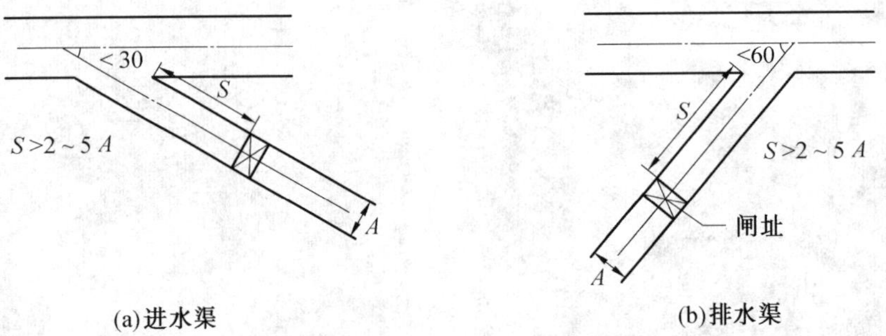

图 2.41 进水渠、排水渠与闸道的交角

部分。

1.地基

地基为天然土层经加固处理而成。水闸基础必须保证在承受上部压力后不发生超限和不均匀沉陷。

2.水闸底层结构

闸底为闸身与地基相联系部分。闸底必须承受由于上下游水位差造成跌水急流的冲力。减免由于上下游水位差造成的地基土壤管涌和经受渗流的浮托力。因此,水闸底层结构要有一定厚度和长度的闸底。正规的水闸自上游至下游包括三部分。

(1)铺盖 铺盖是位于上游和闸体相衔接的不透水层。其作用是放水后使闸底上游部分减少水流冲刷、减少渗透流量和消耗部分渗透水流的水头。铺盖常用浆砌块石、灰土或混凝土浇灌。铺盖长度约为上游水深数倍。厚度因材料而异,一般为 30 cm。如黏土夯实则 60~75 cm。

(2)护坦 护坦是下游与铺盖相连接的不透水层,作用是减少闸后河床的冲刷和渗透。其厚度与跌水之护底相同,视上下游水位差、水闸规模和材料而定,一般可采用 30~40 cm。护坦长度(如地基为壤土)约为上下游水位差的 3~4 倍,或查计算表。

(3)海漫 海漫是下游与护坦相连接的透水层。水流在护坦上仅消耗 70%的动能,剩余水流动能造成对河底的破坏则靠海漫承担。海漫末端宜加宽、加深,使水流动能分散。海漫一般用于砌块石,下游再抛石。海漫长度约为闸下游水深的 3~4 倍。

3.水闸的上层建筑

水闸的上层建筑如图 2.42 所示。

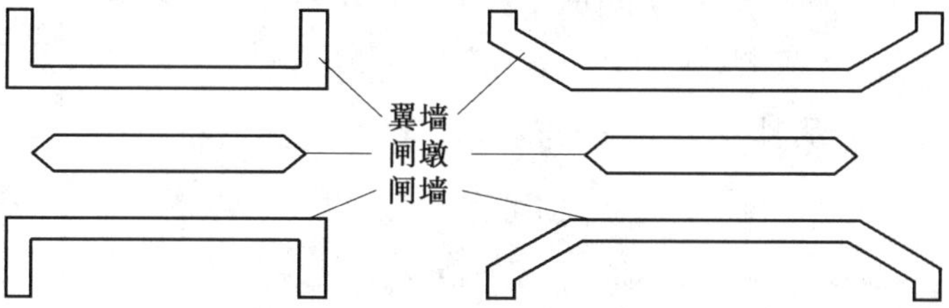

图2.42　水闸的上层建筑

(1)闸墙　亦称边墙,位于闸门之两侧,构成水流范围,形成水槽并支撑岸土使之不坍。

(2)翼墙　与闸墙相接,转折如翼的部分,利于上下游河道边坡的平顺衔接。

(3)闸墩　分隔闸孔和安装闸门的支墩,亦可支架工作桥及交通桥,多用坚固的石材制造,也可用钢筋混凝土制成。闸墩的外形影响水流的通畅程度。闸墩高度同边墙,一般闸孔宽约2~3 m。如启闸的上下水位差在1 m以下,则闸空宽度可小于2 m。若叠梁式闸板水的位差在1 m以上者,闸空宽可大于1 m。

(4)闸门板　安装在闸墩与闸墙之间,可以关闭和开启,用来调节水体的水量和水深的设施,有两种形式:叠梁式闸门板和上提式门板,上提式闸门板的尺寸较大,为一整块平板竖直安装在槽内,一般用机械开启和关闭。

2.4.4　水闸的工作特点

1.开闸放水时的工作特点

由于水头及水流通过闸孔时收缩,闸下出流具有很大的动能,所以防冲是水闸设计的重要问题之一。

2.关闸挡水时的工作特点

由于上下游水位差,使水从上游通过地基及两岸的土壤孔隙向下游流动,这种现象叫做渗透水流,简称渗流。其对闸的影响为:在地基中渗透的水对闸产生向上顶托的力,叫渗透压力(浮力),它能抵消部分水闸的有效重量,降低广水闸抵抗滑动的能力(在水压力作用下,整个水闸有向下游滑动的可能)。

3.渗流对闸的破坏

(1)管涌　在地基中渗透水会在下游出口处把土壤中的细小颗粒带走。

使土壤的空隙增大，渗流速度也随之增加，于是渗流能泄走较大的颗粒，并从下游向上游发展，形成管状通道，以致引起地基沉陷破坏，这种现象叫管涌。实践证明，砂性土(尤其是粉砂及细砂)容易发生管涌。

(2)流土　黏性土由于颗粒之间存在粘结力，渗流不能把个别颗粒泄走，因此没有管涌，但在水闸下游渗流出口处，如向上的渗透力压力太大，黏性土也可能整块被渗流掀起来，造成地基破坏，这种现象叫做流土。

管涌和流土统称被渗流破坏，对水闸的安全威胁较大，所以防渗流是水闸设计的重要问题之一。

2.4.5　水闸的结构设计

1.准备工作

设计前需要知道以下数据：闸外水位，内湖水位(最高水位和最低水位)，湖底高程，最大风级，安全超高，闸门前最远岸直线距离，土壤种类和质地，水闸附近地面高程及要求流量。

2.要求出的数据

(1)闸门宽度　根据上、下游水位差及下游水的深度，查表求出 1 m^3/s 流量所需闸孔宽度。上、下游水位差为外水位与内湖(或下一河段)低水位之差。如果流量大于 1 m^3/s，为 n m^3/s，要求的宽度为查表 2.4 所得数据的 n 倍。

表 2.4　流量为 1 m^3/s 所需闸孔宽度　　m

水位差＼闸孔宽度＼下游水深	0.4	0.6	0.8	1.0	1.2	1.4
0.1	2.08	1.39	1.04	0.83	0.70	0.60
0.2	1.48	0.98	0.71	0.59	0.49	0.42
0.3	1.17	0.80	0.60	0.48	0.40	0.34
0.4	0.96	0.68	0.52	0.42	0.35	0.30
0.6	0.68	0.52	0.41	0.34	0.28	0.24
0.8	0.52	0.41	0.34	0.28	0.24	0.21
1.0	0.41	0.34	0.28	0.24	0.21	0.18

(2)闸顶高程　闸门高程为内湖高水位、风浪高、安全超高三者之和。按风级和闸门前最远岸直线距离查表 2.4 可求出风浪高度，所求得的闸顶高程，又可与水闸附近地面高程取得合宜的关系。

(3)闸墙高度　闸墙高度为闸顶高程减湖底高程。边墙长度按边墙高度查边墙长度,见表2.5,边墙长度是指自闸门中心起,至边墙与翼墙连接处止的长度。

表2.5　闸墙长度及高度

闸墙高度/m	2.0	2.5	3.0	3.5	4.0	5.0
闸墙长度/m	4.4	4.5	4.6	4.8	4.9	5.7

(4)闸底板长度及厚度　闸底板长度及厚度按上、下游最大水位差及地基土壤种类,可得到闸底板长度,见表2.6。底板长度自闸门中心至翼墙下游端止。底板厚度根据闸上、下游最大水位差可查表2.7。

表2.6　各种土壤条件下闸底板长度为水位差的倍数

土壤种类	底板长度等于水位差的倍数
细沙土和泥土	9.0
中砂和粗砂	7.6
细砾和中砾	6.0
顽固砾和石砂混合体	6.0
重壤土(重砂质黏土)	8.0
轻壤土	7.0
黏土	6.0
黏性砾石土	6.0

表2.7　闸上、下游水位差与闸底板厚度关系　　m

闸上、下游水位差	底板厚度	闸上、下游水位差	底板厚度
1.0	0.3	2.5	0.5
1.5	0.4	3.0	0.5
2.0	0.5		

(5)闸墩尺寸　闸墩的迎水面直接影响闸孔水流的通畅,一般采用下列横截面,如图2.43所示。

L 的取值一般取闸墙(顶宽+底宽)的1/2。如支承交通桥等,可根据桥体的荷载计算 *L*。

闸墩的高一般与边墙高相等。

(6)闸门　木闸门是最常用的一种闸门,整体木闸门的构造如图2.44所

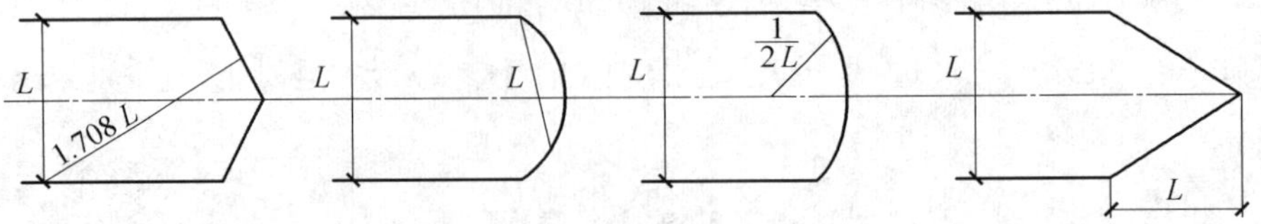

图 2.43　闸墩尺寸

示。

$$闸槽深度 = \delta + 4\ \text{cm}(3 \sim 5 的平均值)$$

$$闸槽宽度 = \delta + 2 \times 3\ \text{cm}(2 \sim 4 的平均值)$$

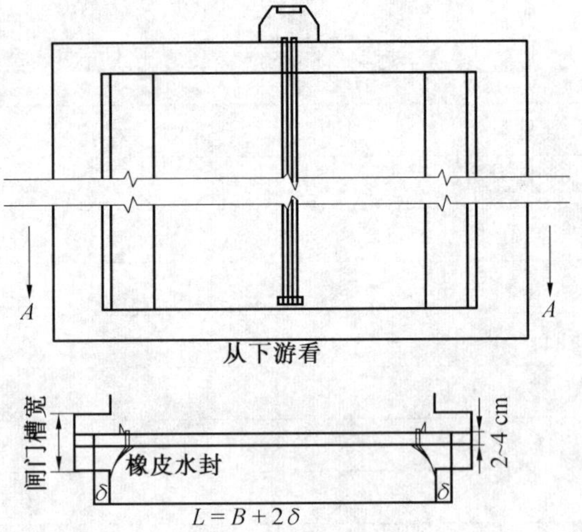

图 2.44　整体木闸门结构

B—闸门宽；δ—闸门板厚度，根据上、下游水位差及闸孔宽度，查表可得闸板厚度；L—闸门宽。

叠梁闸板使用起来比较简便，蓄水或泄水时，只需将闸板一块块地放在闸槽内或卸下即可，较长的叠梁板设有吊环，环的高度为 4 ~ 6 cm，环宽为 8 ~ 12 cm，每块闸板下面设凹槽以便扣藏下面闸板的吊环。闸板高度一般为 10 ~ 30 cm。

在设计园林水闸时，除满足其蓄水、排水等功能以外，最好能使其外观与周围环境融为一体，或与山石、园桥、亭等结合，形成景观，尽量避免将生硬的水闸构筑体裸露于外。

2.5　驳岸与护堤

2.5.1 驳岸工程

驳岸是一面临水的挡土墙，是支持陆地和防止岸壁坍塌的水工构筑物。园林水体要求有稳定、美观的水岸以维持陆地和水面一定的面积比例，防止陆地被淹或水岸坍塌而扩大水面。因此，在水体边建造驳岸与护坡，否则冻胀、浮托、风浪淘刷或超重荷负载造成塌陷，岸壁崩塌而淤积水中，湖岸线变位、变形，水的深度减小，最后在水体周围形成浅水或干涸的缓坡淤泥带把水面围在中间，破坏了原有设计意图，甚至造成事故。同时，作为水景组成的驳岸直接影响园景，需将实用、经济、美观统筹考虑，力求成景而防止破坏风景的现象发生（图2.45，2.46）。

图2.45　山石驳岸

图2.46　黄石驳岸

1.驳岸的形式

按照驳岸的造型形式将驳岸分为规则式驳岸、自然式驳岸和混合式驳岸三种。

（1）规则式驳岸　规则式驳岸是指用块石、砖、混凝土砌筑的几何形式的岸壁，如常见的重力式驳岸、半重力式驳岸、扶壁式驳岸（图2.47）等。规则式驳岸多属永久性的，要求用较好的砌筑材料和较高的施工技术，特点是简洁明快，但缺少变化。

（2）自然式驳岸　自然式驳岸是指外观无固定形状或规格的岸坡处理，如常用的假山石驳岸、卵石驳岸、块石驳岸（图2.48）。这种驳岸自然亲切，景观效果好。

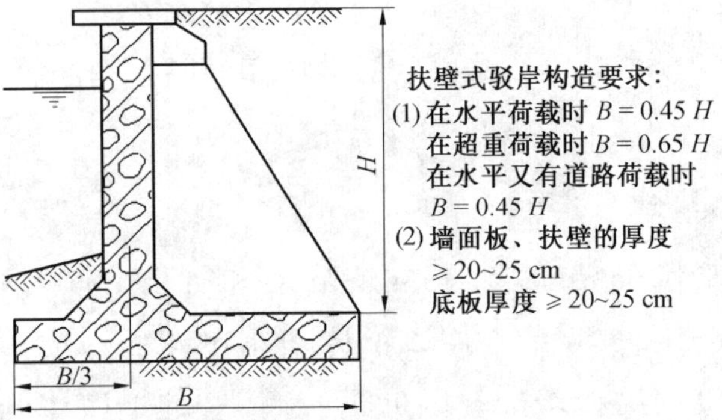

图 2.47 扶壁式驳岸

(3)混合式驳岸　混合式驳岸是规则式与自然式驳岸相结合的驳岸造型(图 2.49)。一般为毛石岸墙,自然山石岸顶。混合式驳岸易于施工,具有一定装饰性,适用于地形许可且有一定装饰要求的。

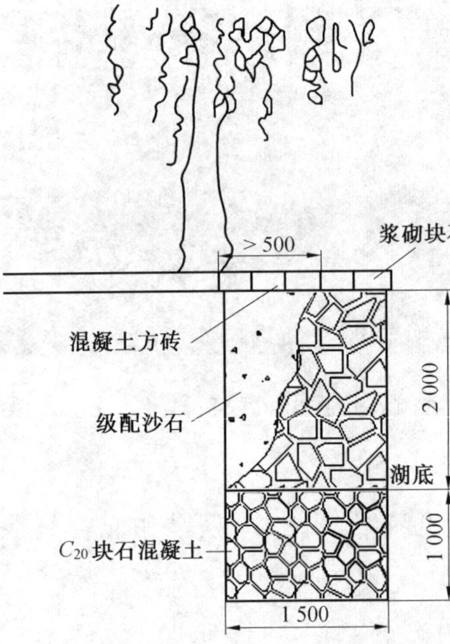

图 2.48 块石驳岸

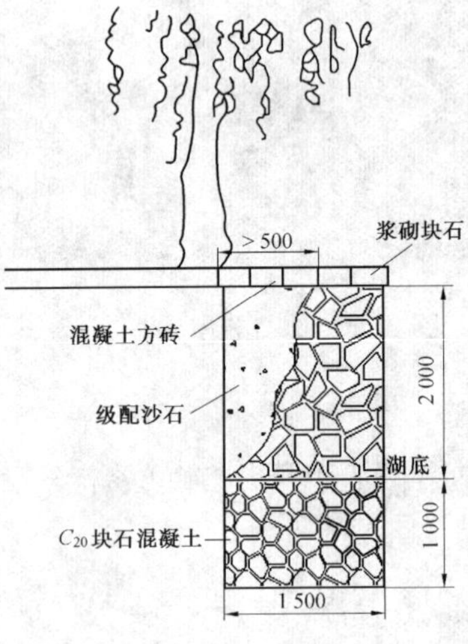

图 2.49 混合式驳岸

2.驳岸的作用

(1)驳岸用来维系陆地与水面的界限,使其保持一定的比例关系　驳岸是正面临水的挡土墙,用来支撑墙后的陆地土壤。如果水际边缘不做驳岸处理,就很容易因为水的浮托、冻胀或风浪淘刷而使岸壁塌陷,导致陆地后退,岸线变形，破坏水体形状，影响园林景观。

(2)驳岸能保证水体岸坡不受冲刷　通常水体岸坡受水冲刷的程度取决于水面的大小、水位高低、风速及岸上的密实度等。当这些因素达到一定程度时，如水体岸坡不做工程处理，岸坡将失去稳定，而造成破坏。因而，要沿岸线设计驳岸以保证水体坡岸不受冲刷。

(3)驳岸还可强化岸线的景观层次　驳岸除支撑和防冲刷作用外，可通过不同的形式处理，增加驳岸的变化，丰富水景的立面层次，增加景观的艺术效果。

3.破坏驳岸的主要因素

驳岸可分为湖底以下地基部分、常水位至湖底部分、常水位与最高水位之间的部分和不受淹没的部分。

(1)湖底以下地基部分　湖底地基直接坐落在不透水的坚实地基上是最理想的。否则由于水体地基荷载强度与岸顶荷载不相适应而造成均匀或不均匀沉陷使驳岸出现纵向裂缝甚至局部塌陷。在冰冻地带水体不深的情况下，由于冻胀引起地基变形；如以木桩作桩基会因腐烂，包括动物的破坏而造成朽烂。在地下水位高的地带则因地下水的浮托力影响基础的稳定。

(2)常水位至湖底部分　常水位至水体地基部分处于常年被淹没状态，其主要破坏因素是湖水浸渗。在我国北方寒冷地区则因水渗入驳岸内，冻胀后使驳岸断裂。湖面冰冻，冻胀力作用于常水位以下驳岸，使常水位以上的驳岸向水面方向位移。而岸边地面冰冻产生的冻胀力也将常水位以上驳岸向水面方向推动。岸的下部则向陆面位移。这样便造成驳岸位移。常水位以下驳岸又是园内雨水管出水口，如安排不当，也会影响驳岸。

(3)常水位与最高水位之间的部分　常水位至最高水位这部分驳岸因经受周期性淹没，随水位上下的变化也形成冲刷，如果不设驳岸，岸土便被冲落，如水位变化频繁则也使驳岸受冲蚀破坏。

(4)不受淹没的部分　至于最高水位以上不被淹没的部分，主要是浪击、日晒和风化剥蚀。驳岸顶部则可能因超重荷载和地面水的冲刷遭到破坏。另外，由于驳岸下部被破坏也会引起上部受到破坏。

对于破坏驳岸的主要因素有所了解以后，再结合具体情况便可以做出防止和减少破坏的措施。

4.驳岸平面位置与岸顶高程的确定

(1)驳岸平面位置的确定　与城市河流接壤的驳岸，应按照城市河道系统规定的平面位置建造。园林内部驳岸则根据水体施工设计确定驳岸位置。平面图上常水位线显示水面位置；如为岸壁直墙，则常水位线即为驳岸向水面的平面位置。整形式驳岸岸顶宽度一般为 30 ~ 50 cm；如为倾斜的坡岸，则根据岸顶高程推求。

(2)岸顶高程的确定　岸顶的高程应比最高水位高出一段距离，以保证水体不致因风浪拍岸而涌入岸边的地面。因此高出多少应根据当地风浪拍击驳岸的实际情况而定，一般高出 25 ~ 100 cm。水面大，风大时，可高出 50 ~ 100 cm；水面分散，空间内有挡风设施时，可以高出小一些。从造景的角度讲，深潭边的驳岸要求高一些，显出假山石的外形之美；而水清浅的地方，驳岸要低一些，以便水体回落后露了一些滩涂与之相协调。为了最大限度节约资金，在人迹罕至，但地下水位高，岸边地形较平坦的湖边，驳岸高程可以比常水位高的不多。

2.5.2　护堤(坡)工程

护堤是保护堤面防止雨水径流冲刷及风浪拍击的一种水工措施。护堤和驳岸均是护岸的基本形式，两者极为相似，没有严格的划分界限，主要区别在于驳岸多采用岸壁直墙，有明显的墙身，岸壁大于 45°。护坡不同，它没有支撑土壤的直墙，而是在土壤斜坡(45°以内)上采用铺设护堤材料的做法。护堤的主要作用是防止滑坡、减少地面水和风浪的冲刷，保证岸坡稳定。

护堤在园林工程中得到广泛应用，原因在于水体的自然缓坡能产生自然、亲水的效果。护堤方法的选择应依据坡岸用途、构景透视效果、水岸地质状况和水流冲刷程度而定。目前常见的方法有草皮护堤(图 2.50)、灌木护堤(图 2.51)和铺石护堤(图 2.52)。

图2.50　草皮护堤

图2.51　灌木护堤

1.草皮护堤

图2.52　铺石护堤

草皮护堤适于坡度在(1:5)~(1:20)之间的水岸缓坡。护堤草种要求耐水湿、根系发达、生长快、生存力强,如假俭草、狗牙根等。护堤作法按坡面具体条件而定,如果原坡面有杂草生长,可直接利用杂草护坡,但要求美观;也有直接在坡面上播草种,加盖塑料薄膜;或先在正方砖、六角砖上种草,然后用竹签四角固定做护坡。最为常见的是块状或带状种草护坡,铺草时沿坡面自下而上成网状铺草,用木方条分隔固定,稍加压踩。若要增加景观层次、丰富地貌、加强透视感,可在草地散置山石,配以花灌木。

2.灌木护堤

灌木护堤较适于大水面平缓的坡岸,由于灌木有韧性、根系盘结、不怕水淹,能削弱风浪冲击力,减少地表冲刷,因而护岸效果较好。护坡灌木要具备速生、根系发达、耐水湿、株矮常绿等特点,可选择沼生植物护坡。施工时可直播、可植苗,但要求较大的种植密度,若因景观需要,强化天际线变化,可在其间适量植草和乔木。

3.铺石护堤

当堤岸较陡,风浪较大或因造景需要时,可采用铺石护坡。铺石护坡由于施工容易,抗冲刷力强,经久耐用,护岸效果好,还能因地造景,灵活随意,是园林常见的护坡形式。

护坡石料要求吸水率低(不超过1%)、密度大(大于2 000 kg/m^3)和较强的抗冻性,如石灰岩、砂岩、花岗岩等岩石,以块径18～25 cm,长宽比1:2的长方形石料最佳。

铺石护坡的坡面应根据水位和土壤状况确定,一般常水位以下部分坡面的坡度小于1:4,常水位以上部分采用(1:1.5)～(1:5)。重要地段的护坡应保证足够的透水性以减少上缘土壤从坡面上流失,而造成坡面滑动,为保证坡岸稳固,可在块石下面设倒滤层。倒滤层常做成1～3层,第一层为粗砂,第二层为小卵石或小碎石,最上层用级配碎石,总厚度15～25 cm。若现场无砂、碎石,也可用青苔、水藻、泥灰、煤渣等做倒滤层。如果水体深2 m以上,为使铺石护岸更稳固,可考虑下部(水淹部分)用双层铺石,基础层(下层)厚20～25 cm,上层厚30 cm,碎石垫层厚10～20 cm。

铺石时每隔5～20 m预留泄水孔;20～25 m做伸缩缝,并在坡脚处设挡板,座于湖底下;要求较高的块石护岸,应用$M_{7.5}$水泥砂浆勾缝,并浆砌压顶石。

第3章　动态水景

3.1　动态水景概述

动态水景是利用水体的可流动性形成的景观，在园林中动态水景与其他静止的景观融为一体，给人以丰富的想象与思考。常见的动态水景有溪涧、瀑布、跌水、喷泉等几种形式。这几种形式已经越来越多地被应用于园林、建筑以及环境领域。

近年来，我国各地区、各城市不断地加强城市的美化、亮化工程建设，使得动态水景工程在我国得到了迅速发展。以往园林工程中常见的镜池、人工湖等，已不能满足人们的需要。各种新型喷泉水景工程，从微型喷泉到室内喷泉、庭院喷泉、广场喷泉、各种趣味性游乐喷泉、水幕电影、音乐喷泉、超高超大喷泉等，都在我国各地相继出现，其相应的喷泉产品也走向市场。由此可见，喷泉工程在水景工程设计中具有较大的比重，为了全面介绍喷泉这一动态水景，本文将此内容单独作为一个章节来重点阐述，本章只阐述出喷泉以外的动态水景。

随着人类文明的发展和科技的进步，我们需要用更新的眼光从多元化的角度来理解动态水景艺术。由于动态水景自身的日益丰富和社会的多样需求，它已经可以脱离其他领域而自成一个独立的艺术形式。

这种艺术形式的设计理念就是：通过清晰、协调的手法，来满足生动可懂的形式需要，以创造出合适的意象。动态水景的设计理念包括三个方面的因素。其一是环境因素，它是动态水景设计的背景与基础。任何水景艺术都不能完全脱离环境而存在，无论是以环境为衬托，还是成为创造环境的一部分，设计都应该是与环境因素互动互利的。其二是构成因素，动态水景是由各种组件以不同的方式组合构成的，笼统地分为水口、路径和承载三个组件。它们各自拥有多样地形式，再交错往复，就产生了现在花样繁多的动态水景。其三是调节因素，这也是最能体现设计理念的人为因素。在具备了基底和组件之后，如何运用美学、工程学甚至心理学的手法来协调表现更深层次的含义，是设计师所做的画龙点睛的一笔。

3.2 溪　流

自然界中的溪流多是在瀑布或涌泉下游形成的，上通水源，下达水体，溪岸高低错落，流水清澈晶莹，且多有散石净砂，绿草翠树，很能体现水的姿态和声响。比如江西井冈山龙潭溪(图 3.1)，飞瀑之下为曲曲溪流，游览小石路蜿蜒相通，两岸错落有致，玲珑青翠，水溅溪石，游鱼隐现，景色宜人。再如丽江古城的小溪(图 3.2)，清新自然，心旷神怡。

图 3.1　井冈山龙潭溪

图 3.2　丽江古城的小溪

溪流是园林工程建设中水景的重要表现形式，它不仅能使人有欢快、活跃的美感，而且能加深各景物间的层次，使景物丰富而多变。溪流是园林工程建设中的溪流是自然河流艺术的再现，是连续的带状动态水体。溪浅而阔，水沿滩泛漫而下，轻松愉快，柔和随意；溪深而窄，水量充沛，水流急湍，扣人心弦，如图3.3,3.4所示。

图3.3　水流急湍的人工小溪

图3.4　充满现代艺术的人工小溪

3.2.1　小溪的组成

(1)小溪狭长形带状,曲折流动,水面有宽窄变化。

(2)溪中有河心滩、三角洲、河湿滩,岸边和水中有岩石、矶石、汀步、小桥等。

(3)岸边有若即若离的自由的小路(图3.5)。

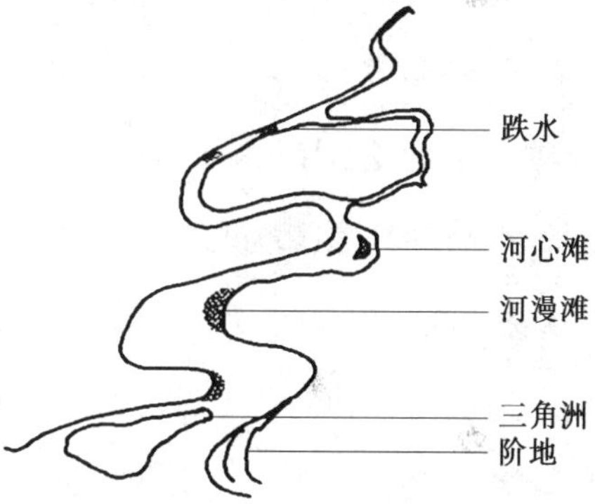

图3.5　小溪的模式图

3.2.2 小溪的平面结构

小溪之所以能够增加景物层次、丰富景物内涵,是因为它弯弯曲曲,而每一弯处,或是高起的山角上有山石逼近而可观;或是岸滩树木茂盛,芳草萋萋而可赏。在小溪平面设计时,应注意曲折、宽窄的变化,及其水流的变化和所产生的水力的变化引起的副作用,水面窄则水流急,水面宽则水流缓,从而造

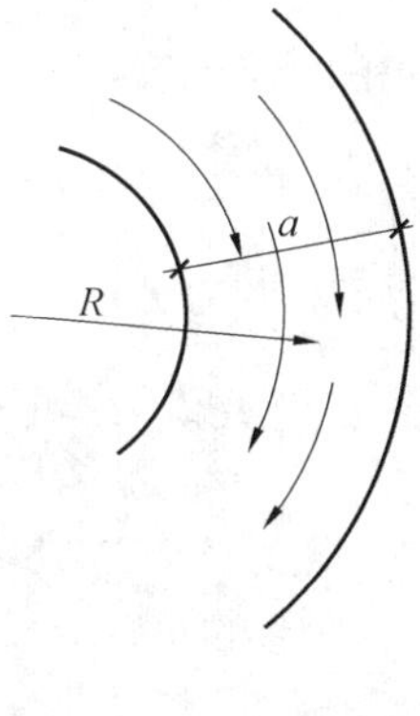

图3.6　小溪迎水面图

成水流的多种变化。水流平流时对坡岸产生的冲刷力最小，随着弯半径的加大，则水对迫水面坡岸的冲刷力增大。为此，小溪设计中，对弯道的弯曲半径有一定的要求。当迎水面有铺砌时，$R > 2.5a$；当迎水面无铺砌时，$R > 5a$（图3.6）。

设计时，可以结合具体的地形变化，与建筑结合，与植物种植池塘结合，与古树名木等结合。有时溪流在局部转入暗流形成特殊的声响，而使游人产生悬念。设计得当，能收到良好的效果。

3.2.3　小溪的结构设计

小溪之所以能使人产生欢快、活跃的美感，是因为溪水在因落差而形成的由上而下流动中呈多样的水流形态，产生不同的水声。而小溪的立面变化同样会构成各种不同的风景效果。

那么怎样才能表现幽静深邃的水流呢？首先水的形态要为线形或带状；其次水流与前进方向要平行；第三，小溪的空间要狭窄，岸线要曲折；第四，利用光线、植物等创造明暗对比的空间；最后，利用跌落创造悦耳的声音、跌落间距和高差的变化，产生音乐般的效果。

怎样在小溪的结构设计时表现水流的跃动感快、活泼的水流呢？这个问题也是要十分关注的。首先，坡度一般为1%～2%，最小坡度为0.5%～0.6%，有趣味的坡度是在3%内变化。最大的坡度一般不超过3%，因为超过3%河床会受到影响，如果超过了3%，应采取工程措施；其次，河床宽窄变化会决定流速和流水形态（图3.7）。

当河道突然变窄时会产生湍急汹涌的水流，平滑等宽的河道会产生缓缓流畅的水流，河床变宽，水流缓慢平稳安静。河床的凹凸不平，高低起伏，会引起流水的急缓变化；最后，河床的平坦和凹凸不平能产生不同的景观效果（图3.8）。

在园林中溪流的底，上流河底粗糙，可存有大块的石，下游的石较少，即使有个别的石块，体积也较小，河底平坦。流水中置石的方式不同，亦会产生不同的效果（图3.9）。在园林设计时，恰当的利用水中置石创造不同的景观。

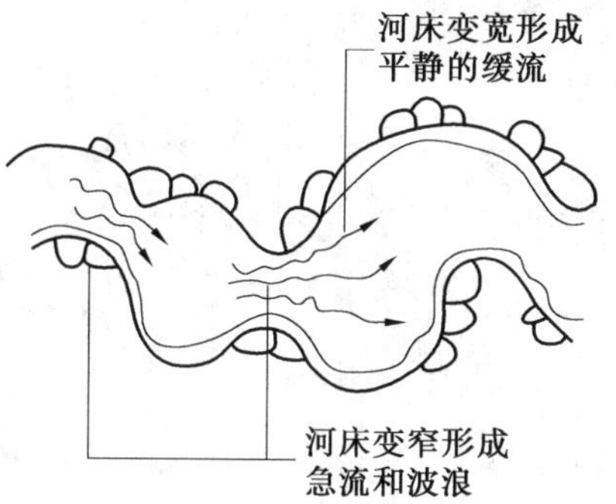

图 3.7　河道的宽窄变化对水流形态的影响

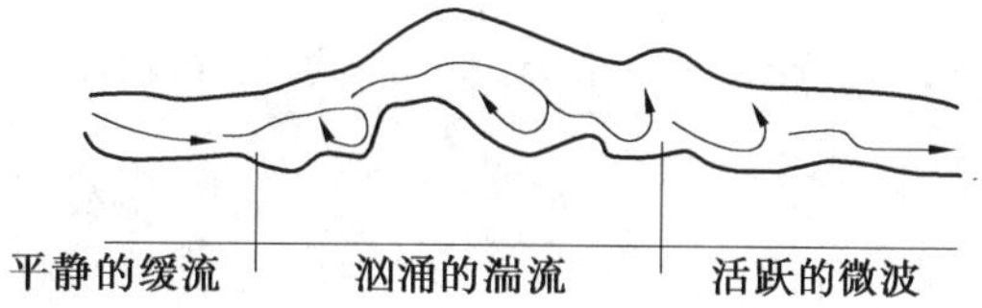

图 3.8　形成波浪的河床构造

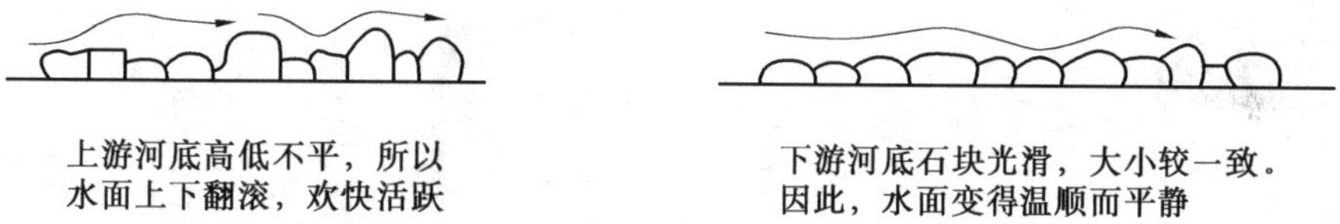

图 3.9　河底粗糙情况不同时对水面波纹的影响

3.2.4　小溪的水力计算

小溪的水力计算主要是为了解决溪流的水流速度与坡岸及溪流底部结构的矛盾，洪水期的水位与护坡的矛盾，枯水期的水景效果与坡岸景观等的矛盾。

1.水力计算的一般概念

(1)过水断面(ω)　是指水流垂直方向的断面面积。由于其断面面积随着水位的变化而变化，因而又可分为洪水断面、常水断面、枯水断面。通常把经常过水的断面称为过水断面。

(2)湿周(χ)　水流和岸壁相接触的周界称湿周。湿周为溪水与流床的接触周界。湿周的长短表示水流所受阻力的大小。湿周越长，表示水流受到的阻力越大；反之，水流所受的阻力就越小。

(3)水力半径(R)　水流的过水断面积与该断面湿周之比称为水力半径，即

$$R = \frac{\omega}{\chi} \tag{3.1}$$

(4)边坡斜度(m)　在与水流方向垂直的断面上，某一边的边坡斜度等于边坡的高 H 与靠近该边的溪底到高所在直线的水平距离 L 的比。

$$m = \frac{H}{L} \tag{3.2}$$

砖石或混凝土铺砌的小溪边坡一般斜度为(1∶0.75)～(1∶1.0)。自然开挖的小溪，根据土质的不同，要求边坡的斜度不同。黏质砂土(1∶1.5)～(1∶2.0)；砂质黏土和黏土(1∶1.25)～(1∶1.5)；砾石土和卵石土(1∶1.25)～(1∶1.5)；半岩性土(1∶0.5)～(1∶1.0)；风化岩石(1∶0.25)～(1∶0.5)。

(5)河流比降(i)　任一河段的落差 ΔH 与河段长度 L 的比，称为河流比降，以千分率(‰)计。

$$i = \frac{\Delta H}{L} \tag{3.3}$$

2.水力计算

(1)流速

$$v = \frac{1}{n} R^{\frac{2}{3}} i^{\frac{1}{2}} \tag{3.4}$$

式中　v——流速；

R——水力半径；

i——河流比降；

n——河道粗糙系数。

当河道粗糙率变化不大或河槽形状呈现出宽浅的状态时，$h_{平}$ 取代替 R，则公式可简化为

$$v = \frac{1}{n} h_{平}^{\frac{2}{3}} i^{\frac{1}{2}} \tag{3.5}$$

式中　$h_{平}$——河道平均水深，m；当河道为三角形断面时，$h_{平} = 0.5\ h$；当河道为梯形断面时，$h_{平} = 0.6\ h$；当河道为矩形断面时，$h_{平} = h$；当河道为抛物线形断面时，$h_{平} = h$；

h——河道中最大水深；

n——河道粗糙系数(n 值查表 3.1、表 3.2)。

表 3.1　小河的粗糙系数 n 值

小河类型	平坦土质	弯曲或生长杂草	杂草丛生	阻塞小河沟、巨大顽石
粗糙系数	25	20	15	10

表 3.2　河渠粗糙系数 n 值

	河渠特征	n		河渠特征	n
土质	$Q>25\ m^3/s$ 平整顺直,养护良好 平整顺直,养护一般 河渠多石,杂草丛生,养护较差	0.022 5 0.025 0 0.027 5	各种材料护面	光滑的水泥抹面 不光滑的水泥抹面 光滑的混凝土护面 平整的喷浆护面	0.012 0.014 0.05 0.015
土质	$Q=1\sim25\ m^3/s$ 平整顺直,养护良好 平整顺直,养护一般 河渠多石,杂草丛生,养护较差	0.025 0 0.027 5 0.030 0	各种材料护面	料石砌护面 砌砖护面 粗糙的混凝土护面 不平整的喷浆护面 浆砌块石护面 干砌石护面	0.015 0.015 0.017 0.018 0.025 0.033
土质	$Q<1\ m^3/s$ 渠床弯曲,养护一般 支渠以下的渠道	0.027 5 0.027 5～0.03	岩石	经过良好修整的 经过中等修整的无凸出部分 经过中等修整的有凸出部分 未经过修整的有凸出部	0.025 0.030 0.033 0.035～0.045

小溪中水的流速应在一定的范围之内。流速过大,由于水流对岸边的冲刷严重,容易造成溪岸和湖底的破坏,同时也会带来大量的泥沙;流速过小,人们就感受不到流水的趣味,营造不出溪流的造景效果。如果水源水比较浑浊,流速过小,就会产生淤积,阻碍水流,严重的日久就会造成小溪景观的报废。根据河道的土质、砌护材料及溪水含泥砂的情况不同,溪流允许的最大水流速度见表 3.3。

表 3.3　小溪允许的最大流速　　m/s

土壤或砌护种类	最大流速
混凝土硬质山石砌护	8.00～10.00
混凝土护面	5.00～8.00
卵石护面	1.50～3.50
黏质土	1.20～1.80
黄土及黏壤土	1.00～1.20
草皮护面	0.80～1.00
泥炭土	0.70～1.00
薄砂质护面	0.70～0.80
淤泥	0.25～0.50

最小允许流速(临界淤积流速或叫不淤积流速)可根据达西公式计算求得,即

$$v_K = CR \tag{3.6}$$

式中　v_K——临界淤积的平均流速,m/s;

R——水力半径,m;

C——取决于泥沙颗粒粗糙的系数,见表3.4。

表3.4　达西公式系数 C 值表

泥沙性质	C
粗砂质黏土	0.65~0.77
中砂质黏土	0.58~0.64
细砂质黏土	0.41~0.54
极细砂质黏土	0.37~0.41

设计流速时,可在最大流速与最小流速之间取值,并结合景观要求来确定比值。

(2)流量　单位时间内通过河渠某一横截面水的体积称流量,以 Q 表示,单位 m^3/s。

$$Q = \omega \cdot v \tag{3.7}$$

式中　Q——流量,m^3/s;

ω——过水断面积,m^2;

v——平均流速,m/s。

(3)小溪的流量损失　小溪中水流量的损失主要是渗漏。小溪的长度越长,水流量越大,土壤的渗漏性越强,流量的损失就越大,反之就小。

园林工程建设中,可根据小溪河床工程处理和天然土壤透水情况,估计流量的损失。一般情况下,经过铺砌的小溪河床,其流量损失约为5%~10%;自然土壤上的溪流河床,透水性微弱的,流量损失约为30%;中等透水的河床,流量损失约40%;而透水性强的河床,流量损失约50%左右。

小溪要达到一定的设计流量,供给小溪的水量就必须为设计流量与损失流量的和,如果还要考虑溪流水面蒸发水量损失,可再增加损失流量的1%。

3.2.5　小溪的施工

小溪的施工与湖的施工相近(图3.10~3.17),在设计完成时,首先在基址

上放线(图 3.10),之后开挖溪床(图 3.11),然后对小溪底部进行防渗处理(图 3.12),常常加以小桥,卵石点缀(图 3.13~3.16)。

图 3.10　常用白灰在小溪基址上放线

图 3.11　正在开挖的溪床

图 3.12　刚刚做好防渗的溪床

图 3.13　小溪上的石桥增添人文风趣

图 3.14　小型水体,用混凝土驳岸

图 3.15　小溪中央置石点缀

图3.16　工人正在置石

图3.17　小溪放水后的景观效果

3.3　瀑布与跌水

3.3.1　天然瀑布

太阳照耀着香炉峰,云气就像香炉里升起的紫烟;远看瀑布就像是一条巨大的白练高挂于山川之间;水流飞泻下来有几千尺长,好像是银河从九霄云外落下来。大家都知道这是一首气势磅礴的山水诗——《望庐山瀑布》"日照香炉生紫烟,遥看瀑布挂前川,飞流直下三千尺,疑是银河落九天。"

从悬崖或陡坡上倾泻而下的水体称为瀑布。

1.瀑布的形成

瀑布的形成可能认为很简单,就是一条河流翻过一个悬崖峭壁,就形成了一个瀑布。其实瀑布的形成主要有三种:其一,像尼亚加拉瀑布,它是尼亚加拉河水翻过白云石的岩壁,直落入下面的一个大水池里,翻滚流飞的水流不休止地浸蚀页岩,淘空了白云岩的岩洞,一块块的白云岩崩落而下,使得悬崖永远陡峭。其二,瀑布的形成就是在古代有一大块熔化了的岩石从下面挤上来。随着时间的推移,慢慢地岩石硬化了,后来就在河道中形成了一堵墙。我国的黄石瀑布就是这样形成的。第三种情况是,古代的冰川切入山谷之中,使两侧形成悬崖峭壁,瀑布由此生成。

2.瀑布的分类

依据瀑布的外观和地形的构造,瀑布有多种分类。

(1)据瀑布水流的高宽比例划分　垂帘型瀑布,细长型瀑布。

(2)据瀑布岩壁的倾斜角度划分　悬空型瀑布,垂直型瀑布,倾斜型瀑布。

(3)据瀑布有无跌水潭划分　有瀑潭型瀑布,无瀑潭型瀑布。

(4)据瀑布的水流与地层倾斜方向划分　逆斜型瀑布,水平型瀑布,顺斜型瀑布,无理型瀑布。

(5)据瀑布所在地形划分　名山瀑布,岩溶瀑布,火山瀑布,高原瀑布。

3.瀑布的组成

完整的瀑布景观一般由以下几部分构成。

(1)背景　高耸的群山,为瀑布提供了丰富的水源,与瀑布一起形成了深远、宏伟、壮丽的画面。

(2)水源　瀑布上游河流是瀑布水的来源。

(3)瀑布口　瀑布口山石的排列方式不同,形成的水幕形式就不同,也就形成不同风格的瀑布。

(4)瀑身　指瀑布落水的水幕,其形式变化多种多样,主要有布落、披落、重落、乱落等。

(5)潭　由于长期水力冲刷,在瀑布的下方形成较深盛水的大水坑称潭。

(6)下游河流　是瀑布水流去的通道。

4.世界和我国最著名的瀑布

(1)世界最著名的瀑布　世界上最著名的三个大瀑布是美国和加拿大之间的尼亚加拉瀑布,非洲赞比西河上的维多利亚瀑布和阿根廷、巴西及巴拉圭之间的伊瓜苏瀑布。

①尼亚加拉瀑布:尼亚加拉瀑布位于加拿大与美国的交界处的尼亚加拉河上,河中的高特岛把瀑布分隔成两部分,较大的部分是霍斯舒瀑布,靠近加拿大一侧,高 56 m,长约 670 m,较小的为亚美利加瀑布,接邻美国一侧,高 58 m,宽 320 m。尼亚加拉瀑布及由它冲出来的尼亚加拉峡谷的形成有着特殊的地质条件,其中页岩的不断被水流冲刷,使得瀑布在 1842 ~ 1905 年间平均每年向上游方向移动 170 cm。美加两国政府为保护瀑布,曾耗巨资修建了一些控制工程,使瀑布对岩石的侵蚀有所减小(图 3.18,图 3.19)。

图 3.18　尼亚加拉瀑布

图 3.19　夜色幻彩的尼亚加拉瀑布

②维多利亚瀑布：维多利亚瀑布位于非洲赞比西河的中游，赞比亚与津巴布韦接壤处。瀑布宽 1700 余 m，最高处 108 m，宽度和高度比尼亚加拉瀑布大一倍。年平均流量约 934 m^3/s。赞比西河抵瀑布之前，舒缓地流动，而瀑布落下时声如雷鸣，当地居民称之为“莫西奥图尼亚”（意即“霹雳之雾”）。维多利亚瀑布的水泻入一个峡谷，峡谷宽度从 25 ~ 75 m 不等（图 3.20，图 3.21）。

图 3.20　维多利亚瀑布

图 3.21　高空俯瞰的维多利亚瀑布

③伊瓜苏瀑布：伊瓜苏瀑布位于阿根廷和巴西边界上的伊瓜苏河。这是一个马蹄形瀑布，高 82 m，宽 4 000 m，是尼亚加拉瀑布宽度的 4 倍，比维多利亚瀑布还要宽很多。悬崖边缘有许多树木丛生的岩石岛屿，使伊瓜苏河由此跌落时分作约 275 股急流或泻瀑，高度 60 ~ 82 m 不等。11 月至 3 月的雨季中，瀑布最大流量可达 12 750 m^3/s，年平均约为 1 756 m^3/s（图 3.22，图 3.23）。

图3.22　高空俯瞰的伊瓜苏瀑布

图3.23　美轮美奂的伊瓜苏瀑布

(2)我国著名的瀑布　我国有许多著名的瀑布,像位于贵州省镇宁布依族苗族自治县西南部的黄果树瀑布、安徽省黄山的九龙瀑布、黑龙江省牡丹江上镜泊湖出口处的吊水楼瀑布、浙江省雁荡山马鞍岭西的大龙湫瀑布、山东崂山的龙潭瀑布、云南的大叠水瀑布、广西西隆的冷水瀑布等等。这些瀑布,均以其独特、壮美的气势,吸引着古今中外的许许多多游客,也由此产生了不少赞美瀑布的名篇佳作。

图3.24　世界上最美的黄河景观的壶口瀑布

①壶口瀑布:在中国,从来没有一条河被赋予这么多的荣誉和责任,黄河在被尊为"母亲"时,也被寄托了太多的历史使命。黄河流经晋陕峡谷到达吉县境内,水面一下子从400多m宽收缩为50余m,《书·禹贡》中只用八个字:"盖河漩涡,如一壶然。"壶口瀑布的形象跃然纸上(图3.24)。

②井冈山龙潭瀑布群:龙潭位于茨坪北面7km处,有五潭十八瀑之称。龙潭以瀑布数量多、落差大、形态美而著称。第一潭是碧玉潭,瀑布落差达67m,水声震耳,水雾如烟,它坐落在大峡谷的始端,三面危崖如削,长满绿苔。一面地势稍缓,浏览便道就在这一边,巨大的水雾从这里腾空而起,这一带树林和箸竹在大雾、疾风作用下都向一边偃伏。第二潭是锁龙潭,瀑布掩映在杜鹃林中,水声沉闷,好似被锁的蛟龙急欲出洞。第三潭是珍珠潭,瀑布落差30多m,水声清脆,潭面湛蓝,瀑布在半空中碎成无数闪亮的水珠,直击潭面,恰似珍珠落玉盘,故名珍珠潭。第四潭是击鼓潭,瀑布口有巨石阻遏,河水被切

成数股夺路奔流落入深潭，声若击鼓，潭里娃娃鱼来回穿梭，螃蟹时隐时现。第五潭是仙女潭，是五潭中形态最美的，在瀑布落水口有一块卷髻状苍石，水流分成两股迂迴，在苍石下又合成一股直冲而下，远看第五潭瀑布，好像一位身着大袍裙的仙女在翩翩起舞，线条轮廓极其分明。仙女潭瀑布落差 40 余 m，潭面开阔，深不见底，潭的右侧凌空伸出一矩形石板，成了天然跳水台，旅游者往往要在此潭徘徊一番(图 3.25)。

图 3.25　井冈山仙女潭瀑布

③庐山瀑布群：庐山瀑布群主要有三叠泉瀑布、开先瀑布、石门涧瀑布、黄龙潭和乌龙潭瀑布、王家坡双瀑和玉帘泉瀑布等。因李白《望庐山瀑布》“日照香炉生紫烟，遥看瀑布挂前川”的名句为人熟知(图 3.26，图 3.27)。

图 3.26　庐山三叠泉瀑布

图 3.27　庐山乌龙潭瀑布

④流沙瀑布：最细腻的瀑布。位于湘西的流沙瀑布落差达 216 m，据说居全国之冠。从德夯镇出来，村寨小路步行前往流沙瀑布，一路且行且停，在一个拐弯处，便能远远看到瀑布了。大部分时候，瀑布从绝壁之上腾空而下，极高的落差，流水到了下面就散落成流沙状(图 3.28)。

⑤九寨沟瀑布：是最洁净的瀑布群。在九寨沟里，沿着水流步行是一种无比美妙的享受。从箭竹海、熊猫海、五花海、孔雀河到珍珠滩，从皑皑的积雪到淙淙的溪水，从纷乱的瀑布到静守的湖泊，无论多么清纯的溪流走的也是如大江大河一样坎坷的生命之路，水的幸运和悲壮都裸露并显现于大地上

(图 3.29)。

图 3.28 仰视的流沙瀑布

图 3.29 绿水盈盈的九寨沟瀑布

⑥镜泊湖瀑布:中国最大火山瀑布。长久以来,牡丹江一直是一条很温顺的河流,一万年前的火山爆发,改写了牡丹江的生命流程。第四纪玄武岩流在吊水楼附近形成了天然堰塞堤,拦截了牡丹江出口,提高水位而形成了 90 多 km^2 的镜泊湖。呼啸奔腾的湖水漫过平滑的熔岩床面,从断层峭壁上飞泻而下,在丰水期时形成宽 40 m、落差 20 多 m 的大瀑布,它是中国最大的火山瀑布(图 3.30,图 3.31)。

图 3.30 黑龙江镜泊湖吊水楼瀑布

图 3.31 犹如水帘的镜泊湖瀑布

⑦黄果树瀑布:黄果树瀑布是白水河上最雄浑瑰丽的乐章,它将河水的缓游漫吟和欢跃奔腾奇妙地糅合在一起。从 68 m 高的悬崖之巅跌落的是整整一条河的热忱,它既有水量丰沛、气韵万千的恢宏,又有柔细飘逸、楚楚依人的漫柔,81 m 宽的瀑面上水汽飘然,若逢适当的阳光照射还可形成迷人的彩虹(图 3.32)。

⑧银链坠瀑布:银链坠瀑布在天星桥景区内,离黄果树瀑布只有 7 km。天

星桥是一个岩溶地貌公园，这里有很多小山，路是绕湖而过的，攀上一座石峰，才发现到对面的山峰去必然过一座形状独特的桥，它是天然形成的石桥，中间插着一块石头如流星坠落时碰巧构成，天星桥正是得名于此。过了桥，就到了天星洞，洞里特别令人叫绝的是一片石笋群，酷似传说中的八仙，边上又有一泓浅水，故称“八仙过海”。出洞之后，眼前是冒水潭，乱石丛由于高低不平，流水便有了瀑布的形态，众多小瀑布又构成壮丽的气势(图3.33)。

图3.32　贵州黄果树大瀑布

图3.33　幻美的银链坠瀑布

紧接着出现的就是银链坠瀑布了，几块巨岩犹如自然垂下的肩膀，让流水轻盈地漫过，缓缓地汇聚在深潭里。岩石表面就像粗糙的皮肤，流水在上面形成了美丽的银色颗粒，因此整个景观就仿佛银练纷垂，其柔美风韵让人的心一下子软了几分。

3.3.2　人工瀑布

瀑布有天然瀑布和人工瀑布之分。天然的瀑布是由于河床突然陡降形成落水高差，水经陡坎跌落如布锦悬挂空中，形成千姿百态、美轮美奂的景色。人工瀑布是以天然瀑布为基础，通过工程建筑手段修建的落水景观。人工瀑布常以山体上的山石、树木为背景，上游积聚的水(或水泵提水)流至落水口，落下形成瀑布。

1.瀑布的设计

瀑布设计一般可分两类，一类为自然式，即与假山设计相结合，或作为溪流的一部分。另一类单独设计成规整的体型，简洁、明快，具有现代化气息。虽然它们具有不同的风格；给人的外观印象及观赏效果不同，但设计的关键环节是相同的。

(1)供水及排水系统的设计 在假山设计或整形的设计中要有上行的给水管道和下行的清污管,进水管径的大小、数量及水泵的规格,可根据瀑布的流量来确定。

(2)顶部蓄水池的设计 蓄水池的容积要根据瀑布的流量来确定,要形成较壮观的景象,就要求其容积大;相反,如果要求瀑布薄如轻纱,就没有必要太深、太大。图3.34为蓄水池结构。

(3)堰口处理 所谓堰口处理就是使瀑布的水流改变方向的山石部位。欲使瀑布平滑、整齐,就必须对堰口采取一定的措施:第一种,可以在堰口处固定"Λ"形铜条或不锈钢条,因为这种金属构件能被做得相当平直;第二种,使进水管的进水速度比较稳定,进水管一般采取花管或在进水管设挡水板,以减少水流出水池的速度,一般这个速度不宜超过1 m/s。

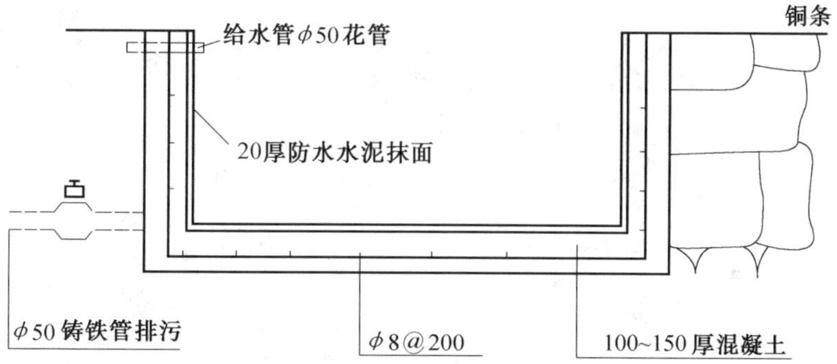

图3.34 蓄水池结构(单位:mm)

(4)瀑身设计 瀑布水幕的形态也就是瀑身,它是由堰口及堰口以下山石的堆叠形式确定的。例如,堰口处的整形石呈连续的直线,堰口以下的山石在侧面图上的水平长度不超出堰口,则这时形成的水幕整齐、平滑,非常壮丽。堰口处的山石虽然在一个水平面上,但水际线伸出、缩进有所变化,这样的瀑布形成的景观有层次感。如果堰口以下的山石,在水平方向上堰口突出较多,就形成了两重或多重瀑布,这样的瀑布就显出活泼而有节奏感。图3.35为不同的瀑布水幕形式。

(5)潭底及潭壁设计 瀑布的水落入潭中,潭底及壁受一定的冲力。一般由人工水池替代潭时,池底及池壁的结构必须相应加固。在园林中,依据瀑布落差的大小对水池底作相应的处理,其做法如下所述。

①水池底部的处理方法:水落差大于5 m时,采取A类,如图3.36所示;

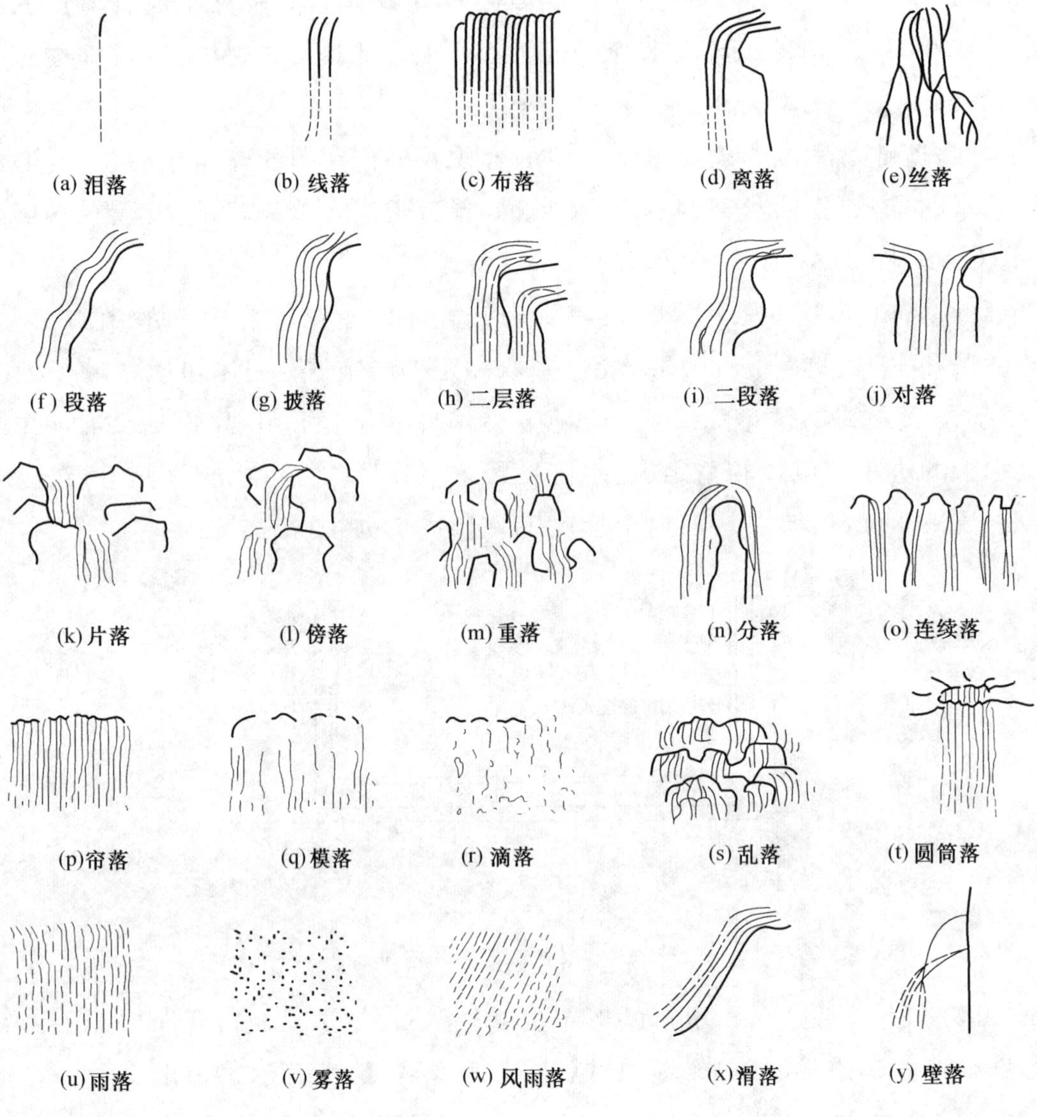

图 3.35　瀑布落水形式

水落差 2 ~ 5 m 时，采取 B 类，如图 3.37 所示；水落差小于 2 m 时，采取 C 类，如图 3.38 所示。

②池壁的处理方法：池壁所受到的冲力一般比池底所受到的冲力小，可用 $50^{\#}$ 水泥砌 24 砖墙，防水层抹灰即可。

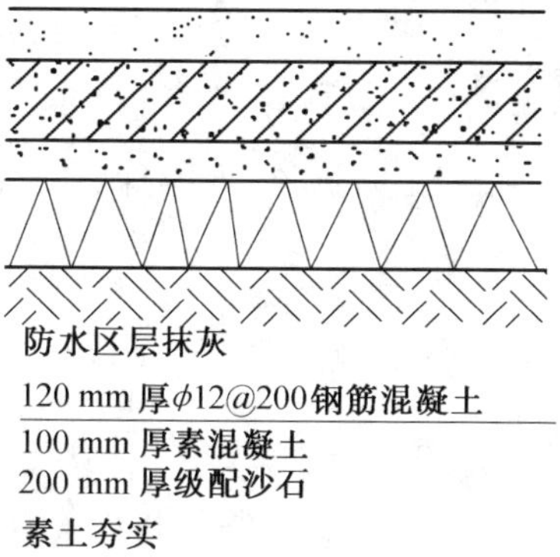

图3.36　A类池底结构

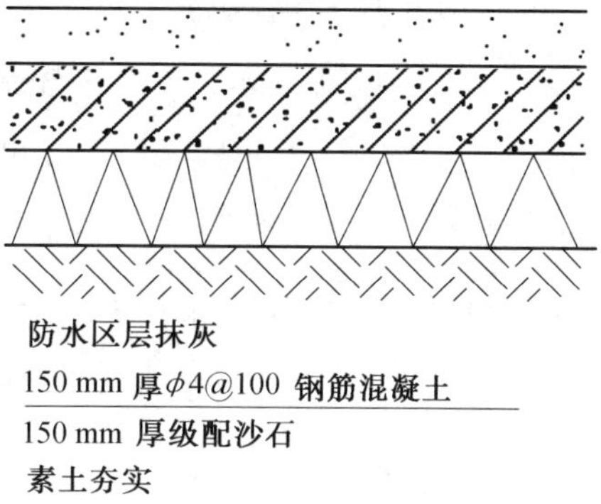

图3.37　B类池底结构

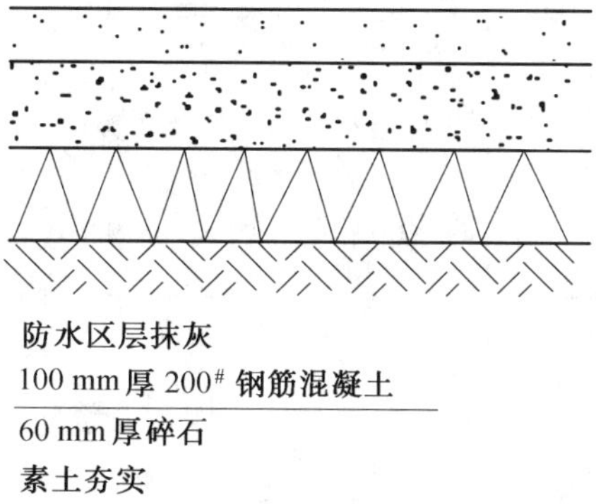

图3.38　C类池底结构

③瀑布水潭大小的确定：潭的大小需要根据瀑布水流量的大小而定，也要综合考虑观赏瀑布的最佳视距，瀑布水不外溅的最小距离等。一般水池的宽度不小于瀑布落差的2/3，而观看瀑布全景离瀑布的水平距离（可以用水池的长度来限制）与瀑布的高度相等。

水池壁的高度可以结合人们坐着休息时椅凳的高度来设计，约为35～45 cm，也可以用自然山石点缀，与假山瀑布统一协调。

(6)瀑布与其他因素的结合　瀑布不仅有“飞流直下三千尺，疑是银河落九天”，的视觉效果，而且其轰鸣声震撼人心。有时为了突出其声响，渲染气氛，增强瀑布冲击潭水的壮观氛围，可以借助现代化的音箱，达到这种目的，也可以把彩色的灯光，安装在瀑布对面，晚上就可以呈现出彩色瀑布的奇异景观。

2.瀑布的用水量设计

瀑布的用水量与瀑身的高度有直接关系。瀑布顶蓄水池中的水向外溢，为了使水幕整齐平直,故外溢时的速度一般小于 0.9 m/s。在园林工程建设中,人工瀑布用水通常循环使用。

瀑布的用水量可按下面的公式计算

$$Q = K \times B \times h^3 \tag{3.8}$$

式中 Q——流量,m^3/s;

B——堰宽,m;

h——水幕厚,m;

K——系数,$K = 107.1 + (\frac{0.177}{h} + \frac{14.22}{D}h)$;

D——贮水槽深,m。

瀑布用水量也可以从表 3.5 查出每米宽度的瀑布每秒的用水量。

表 3.5 瀑布的用水量表(每米宽度)

瀑布高度/m	堰顶水深/mm	用水量/($L \cdot s^{-1}$)	瀑布高度/m	堰顶水深/mm	用水量/($L \cdot s^{-1}$)
0.30	6.35	3.10	3.00	19.00	7.23
0.90	9.25	4.13	4.50	22.20	8.27
1.50	12.70	5.17	7.50	25.40	10.33
2.10	16.00	6.20	>7.50	32.00	12.40

3.瀑布的设计图例

人工瀑布设计时一般都以原水坝高作为瀑深(图 3.39),瀑身内部采用钢筋混凝土结构,瀑身要进行防水处理(图 3.40~3.43)。

图 3.39 瀑布利用此原水坝塑造瀑身

图 3.40 瀑布所在地周边原地貌

图3.41 工人正在进行作业

图3.42 瀑身正在做防水测试

图3.43 完成后的瀑布落水景观

3.3.3 跌水

跌水是指水流从高向低呈台阶状逐级跌落的动态水景。在地形较陡处，水流经过时容易对无护面措施的下游造成激烈冲刷，若在此处，设计跌水，可减缓对地表冲刷，同时也形成了极具韵味的落水景观。

1.跌水的特点

(1)跌水 是自然界落水现象之一，它既是防止水冲刷下游的重要工程设施，又是连续落水组景手段，因而跌水选址是坡面陡峻、易被冲刷或景致需要的地方。

(2)跌水人工化明显，其供水管、排水管应蔽而不露。跌水多布置于水源源头，往往与泉结合，水量较瀑布小。

(3)开敞式、封闭式跌水除可修建成开敞式水景外，还可设计成封闭式水景。

2.跌水的形式

跌水的形式多种多样,就其落水的水态分,一般将跌水分为单级式跌水、二级式跌水、多级式跌水、悬臂式跌水和陡坡跌水。

(1)单级式跌水　单级式跌水也称一级跌水。溪流下落时,如果无阶状落差,即为单级跌水。单级式跌水由进水口、胸墙、消力池及下游溪流组成,进水口是经供水管引水到水源的出口,应通过某些工程手段使进水口自然化,如配饰山石。胸墙也称跌水墙,它能影响到水态、水声和水韵。胸墙要求坚固、自然。消力池即承水池,其作用是减缓水流冲击力,避免下游受到激烈冲刷,消力池底要有一定厚度。图3.44为单级式跌水示意。当流量2 m^3/s,墙高大于2 m时,底厚50 cm。消力池长度也有一定要求,其长度应为跌水高度的1.4倍。连接消力池的溪流应根据环境条件设计。

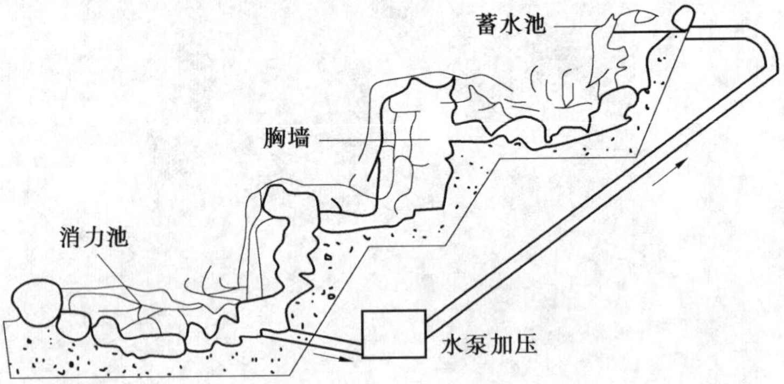

图3.44　单级式跌水示意

(2)二级式跌水　溪流下落时,具有两阶落差的跌水,称为二级式跌水。通常上级落差小于下级落差。二级式跌水的水流量较单级跌水小,故下级消力池底厚度可适当减小。

(3)多级式跌水　溪流下落时,具有三阶以上落差的跌水,称为多级式跌水。多级式跌水一般水流量较小,因而各级均可设置蓄水池(或消力池),水池可为规则式也可为自然式,视环境而定。水池内可铺卵石,设防水闸、海漫,以削弱上一级落水的冲击。有时为了造景需要,渲染环境气氛,可配装彩灯,使整个水景景观盎然有趣。

(4)悬臂式跌水　悬臂式跌水的特点是其落水口处理与瀑布落水口泄水石处理极为相似,它是将泄水石突出成悬臂状,使水能泄至池中间,因而落水更具魅力。

(5)陡坡跌水　陡坡跌水是以陡坡连接高、低渠道的开敞式过水构筑物。园林中多应用于上下水池的过渡。由于坡陡水流较急,需稳固的基础。

3.跌水布置要点

布置跌水首先应分析地形条件,重点着眼于地势高差变化,水源水量情况及周围景观空间等。其次确定跌水的形式,水量大,落差单一,可选择单级式跌水;水量小,地形具有台阶状落差,可选多级式跌水。此外,跌水应结合泉、溪涧、水池等其他水景综合考虑,并注意利用山石、树木、藤萝隐蔽供水管、排水管,增加自然气息,丰富立面层次。

第4章 喷　泉

喷泉是一种将水或其他液体经过一定压力通过喷头喷洒出来具有特定形状的组合体,提供水压的一般为水泵。随着我国国民经济的高速发展,人民生活水平不断提高,水景喷泉得到了广泛的应用,经过多年的发展,现在已经逐步发展为几大类:音乐喷泉;程控喷泉;音乐程控喷泉;激光水幕电影;趣味喷泉等。这些喷泉加上特定的灯光、控制系统,会起到净化空气、美化环境的作用。

喷泉原是一种自然景观,是承压水的地面露头。而园林中的喷泉,一般是为了造景的需要,人工建造的具有装饰性的喷水装置。喷泉可以湿润周围空气,减少尘埃,降低气温。喷泉的细小水珠同空气分子撞击,能产生大量的负氧离子。因此,喷泉有益于改善城市面貌和增进居民身心健康,本章将重点阐述水景喷泉这一动态水景的表现形式。

4.1 水景喷泉概况

4.1.1 国外喷泉简介

喷泉起源很早,公元前6世纪在巴比伦空中花园中已建有喷泉。古希腊时代饮用水的泉就已逐渐发展成为装饰性的泉。有一种说法认为,喷泉起源于伊斯兰国家的斋戒沐浴给水方法。在伊斯兰园林中,喷泉或沿轴线布置,或作为局部构图的中心。文艺复兴时期喷泉技术有很大的发展,这一时期的喷泉多与雕像、柱饰、水池等结合造景。有名的喷泉如意大利伊斯特别墅的“百泉步道”和莱恩托的喷泉水渠。当时还从事水趣音响设计,如著名的猫头鹰喷泉,有一群铜鸟啁啾,猫头鹰一声尖叫之后,顿时鸦雀无声,稍停片刻,铜鸟又喧闹起来。有的喷泉同雕像、叠落的瀑布结合起来造景,如埃斯特别墅中的“水风琴”等。

公元17~18世纪,喷泉在欧洲城市盛极一时。著名的如法国凡尔赛宫的太阳神喷泉,俄国彼得宫的带雕像群的大瀑布喷泉。罗马有3 000多个喷泉,被称为喷泉之城。也有一些寓意很深的喷泉小品,如布鲁塞尔的于廉喷泉。

它刻画了一个正在聚精会神撒尿的孩子，相传敌军侵占布鲁塞尔后要炸毁城里的珍宝馆，小于廉发现燃烧着的导火线，急中生智，朝导火线撒了一泡尿，珍宝馆保住了，小英雄却壮烈牺牲。为了表彰他的功绩，1619年建造了这个喷泉。

到20世纪，喷泉发展成为一种大型水雕塑，用水柱构成各种形态。如日内瓦莱蒙湖上耸入云霄的大喷泉，建于1958年，它用两台1 000 kW的水泵，将水喷到145 m的高空。夜晚，巨型探照灯照射着银色水柱直划夜空，景色非常壮观。英国伦敦的诺姆甲堡喷泉，高2.7 m，由一个造型优美、形状不规则的金属壳体构成，在壳体边缘喷射出两个水的曲面造型。壳体的底部可以转动，喷水的压力可以调节，能形成多姿多彩的水造型。美国西雅图的一个喷泉，由两根粗大的不锈钢弯管组成，水由沿管壁安装的很多小喷嘴喷出，造成实体水柱的感觉。它的喷水量由人工控制，能形成富有雕塑味的水造型。现代技术的应用，产生了各种自控喷泉。如日本的"会跳舞的喷泉"、美国的"华尔兹舞喷泉"，在彩色灯光的照射下，水花能随着音乐的旋律翩翩起舞。法国巴黎的德方斯广场上，有著名的"阿加姆"音乐喷泉，建于1980年，66个喷头呈"S"形布置，喷出1～15 m高的水柱，能表演格什温的《蓝色狂想曲》、柴可夫斯基的《悲怆交响曲》、佩潘和阿乐纳德合作的《水上芭蕾舞曲》等十多个精彩节目。随着音乐的变化，水柱有时轻歌曼舞，有时又挺拔高耸，在绚丽多彩的水柱间还配有鲜艳夺目的火花。火花是由特制的火花喷射管喷出的，与水花交织在一起，景观奇妙。日本的水力喷射动物园，在一个直径10 m的水池内，安装着6 036个旋转的喷头。它们能喷射出老虎和狮子搏斗、老鹰和羚羊厮杀等奇妙的场面。这些喷泉多是利用电脑控制水、光、音、色，使喷泉艺术进入崭新的时代。

4.1.2　我国喷泉简介

我国是世界上最早建设水景的国家之一，早在三千年前的周代就已在园林中建造水池、观鱼欣赏了。水是中国传统园林的灵魂，是园林艺术中最富有活力和魅力的基本要素；在回归大自然的现代城市景观建设中，水景已经成为不可缺少的重要组成部分。中国古典园林崇尚自然，力求清雅素净、富于野趣，在园林理水方面重视对天然水态的艺术再现，但对于人工造成动态水的喷泉应用较少。《汉书·典职》记载：在汉上林苑中有"激上河水，铜龙吐水，铜仙人衔杯受水下注"的设施。《贾氏谈录》记载：唐代华清宫御汤池中有"双白石莲，泉眼自瓮口中涌出，喷注白莲之上"。《洛阳名园记》记述董氏西园中有水自花间涌出。有的水景保存至今，如建于南宋淳佑年间（1241～1252）杭州黄龙洞的黄龙吐水。

18世纪,西方式的喷泉传入中国。1747年清乾隆皇帝在圆明园西洋楼建“谐奇趣”、“海晏堂”、“大水法”三大喷泉。“大水法”的中央水池中有十只铜狗,口中齐射急流,直指铜鹿,称为“猎狗逐鹿”。在“海晏堂”,有身穿罗汉袍的“十二生肖”像,每个生肖都能喷水,用以报时。这是由人工操纵的提水机械——龙尾车扭水旋转上升,形成高位水,由机械控制,每隔一个时辰(相当两小时)由十二生肖依次喷水,到正午时分,十二个生肖同时喷水。

党的改革开放政策使华夏文明古国重新焕发了青春,祖国面貌日新月异。随着我国经济建设的迅速发展,生活节奏不断加快,生活水平日益提高,文化生活丰富多彩,传统的静水和缓慢的流水已不能满足时代的要求。进入新世纪以来,现代高科技与文化艺术相结合所孕育产生的大型音乐喷泉在我国迅速普及,现已遍及神州大地,成为城市建设中的亮点和精神文明建设的重要内容,深受广大群众的喜爱。通过学习和引进国外先进技术,加上自行研究开发,喷泉的面貌不断更新,各种新水型层出不穷,音乐喷泉还可以同水幕电影、激光表演和舞台表演相结合,产生令人难忘的艺术效果。

我国现有上百家喷泉水景设备制造厂,经过市场竞争、优胜劣汰,我国已经出现了几家综合实力较强的大型喷泉水景工程公司,能够独立建设投资上千万元的特大型喷泉水景工程,并创造了一些世界之最的新纪录。

2003年10月在南宁南湖和天津塘沽外滩新建成的两个特大型音乐喷泉综合水景工程,是我国喷泉水景发展的里程碑,标志着我国喷泉水景的发展进入了一个新阶段,揭开了我们全面赶超世界先进水平的序幕。从各项综合技术指标来说,这两个喷泉水景工程都可以当之无愧地列入当前世界上最大最先进的喷泉水景工程,远远超过了新加坡圣陶沙旅游区等的著名喷泉。

这两个大型喷泉的主要水型都全面采用了高速掺气水射流的两相流理论来进行设计,突破了传统的给水排水基础理论,提高了射流质量和抗风能力,增加了喷高和射程,减少了能量消耗;这两个大型喷泉都采用了国内最先进的技术,装有世界首创的科技之星、金龙吐水等新一代应用于航空航天高科技的空中喷泉新水型,以及纵摇、横摇、园摇和鲜花盛开、万向摇摆等可以自由变化的机电一体化新水型,并采用了全方位数控技术、网络现场总线技术、多机互联控制技术等目前最先进的电子控制技术,使喷泉水型与音乐变化的同步误差小于0.01 s;这两个大型音乐喷泉综合水景工程都装备了我国自行研究开发的已达到世界先进水平的新型水幕发生器,以及目前国际上最先进的大功率彩色和单色激光表演装置;在南宁南湖喷泉水景工程中还装备了目前世界上最先进的大功率高清晰度投影机，在天津塘沽外滩喷泉水景工程中还在国内首次装备了大型喷火装置。这两个工程在国内首次实现了大型音乐喷泉和水幕投影、激光表演、喷火装置的统一集中控制，取得了理想的艺术表演效果。

这两个大型喷泉工程在规模上创造了多项中国记录和世界纪录：

南宁南湖喷泉安装了35种独立水型，共有6 620个喷头，8 381个水下彩灯，317台潜水泵，装机总容量达到2 800 kW。其中喷高15 m的数控跑泉总长度330 m，超过了美国拉斯维加斯的世界最大喷泉(图4.1)。

图4.1　南宁南湖喷泉

天津塘沽外滩喷泉安装了39种独立水型，共有2 520个喷头，8 939个水下彩灯，455台潜水泵，装机总容量达到5 400 kW。其中，中心主喷的喷高达到170 m，为国内第一高喷；喷高22 m的数控跑泉总长度360 m，为世界之最。该喷泉主体安装在海河上长达360 m的浮动平台上，其长度超过世界上最大的核动力航空母舰，相当于我国新建的50万吨级超级油轮，创造了一项新的世界纪录(图4.2)。

图4.2　天津塘沽外滩喷泉

建在绿树环绕的绣球公园中的南宁南湖喷泉丰富多彩、优美绝伦，而建在空旷辽阔的海河外滩广场上的天津塘沽外滩喷泉则是气势磅礴、震人心弦。

这两个喷泉公开演出时都吸引了几万群众争相观看，新闻媒体广泛报导，堪称我国喷泉水景工程的双绝。

总体上说，我国的喷泉水景技术已经达到了国际先进水平，其建设规模和市场需求更是其他国家所难以相比的，这对于我国的喷泉水景行业也提出了更高的要求。抓住当前的大好时机，立足国内、放眼世界，从学习、引进、模仿发展到独立自主地进行研究开发，与时俱进、不断创新，并从我国丰富的历史文化遗产中吸取营养，进一步应用电子信息和数字网络技术、航空航天技术、现代声光电技术等高新技术来提高喷泉水景的技术水平，丰富其艺术表现手法，并且加强管理、提高质量、拓展业务范围，更好地满足国内建设的需要，同时打入国际市场，与国外同行进行交流和竞争，逐步确立在世界上的领先地位，这是我国喷泉水景行业面临的迫切任务。

目前我国多数大城市已经建造了大型音乐喷泉，有不少旅游城市还建起了百米高喷；但随着我国城市建设和旅游业的不断发展，喷泉水景技术日新月异，国内的喷泉水景市场还在继续扩大，要求也不断提高。西部大开发和振兴东北老工业基地的战略实施给我们提供了更多的机遇。从城市中心广场到开发区、旅游区的基础设施，从休闲娱乐中心到公园绿地、机关学校、厂矿企业、居民小区，从地面水池、地下暗池到河、湖、海的天然水面，幅员辽阔的神州大地上需要建造喷泉水景来美化环境的地方不胜枚举。同时，随着国际交流的日益频繁，群众对音乐喷泉的了解不断加深，前些年建造的喷泉水景急需改造，对喷泉水景行业也提出了更高的要求。独立自主地进行研究开发，根据市场需求不断攻克技术难关，推出新、奇、特的喷泉水型，尽快赶上和超过世界先进水平，是历史赋予我们的神圣使命。谁能在这方面领先、不断创新，谁就能在激烈的市场竞争中立于不败之地，不断发展壮大，否则就会被淘汰，这是不可抗拒的客观规律。

我国的喷泉水景在总体艺术设计、产品外观和寿命、机械加工和安装、自动控制精确度等方面与国外先进产品仍有一定差距，还需下力量改进。大型音乐喷泉综合水景工程需要多学科的高科技人才，包括流体力学、给水排水、三维动画、电子信息、计算机自动控制、电气控制、机械设计、音乐编辑、音响和影视设备、激光和照明、环境艺术等各专业的人才共同努力，才能创造出无愧于时代的艺术精品。希望各行业的有识之士积极参与和支持我国喷泉水景的发展，相信在不久的将来，具有中国特色的喷泉水景工程不但将遍及祖国大地，还将风行五大洲，誉满全世界。

4.1.3　我国喷泉图例

奥林匹克公园总体规划方案是由美国的Sasaki公司和天津华汇工程建筑设计公司联合设计的。方案中由于有一条象征古老东方文化的龙形水系而从众多方案中脱颖而出，最终被确定为实施方案。总体规划方案将整个奥林匹克公园分为三个部分，其中，辛店村路以北到清河大约有7个多平方公里，称为奥林匹克森林公园，以绿色生态环境为主要内容。奥林匹克森林公园中采用了大量的喷泉与绿色植物相结合，形成了美丽的"人文奥运、绿色奥运"景观(图4.3)。

图4.3　奥运公园中的喷泉造型

2008年1月28日，国家游泳中心——梦幻视觉"水立方"在经历了4年多的建设之后，终于全面竣工了。2008年9月30日起由北京市演出有限责任公司、北京市对外文化交流有限责任公司和北京国家游泳中心有限责任公司(水立方)合作，在举国欢庆"两奥"成功、欢欣鼓舞迎国庆的时候，在国家游泳中心——水立方，举办了一台将持续4个月之久的具有唯一地标性的大型水景声光音乐会——"梦幻水立方"。"梦幻水立方"是水立方"水"文化之文娱活动的首次亮相，该演出利用水立方场馆的现有设备，通过水景秀、灯光秀、音乐秀的完美结合，让这台集"高科技、高雅艺术、高品质"为一身的"三高"音乐盛会成为一场魔力四射的"视听奇观"(图4.4)。

江西省某市位于江西省南部，赣江上游，是我国面积最大的地级市、江西省三大城市之一、国家历史文化名城、国家园林城市、全国卫生城市和中国优

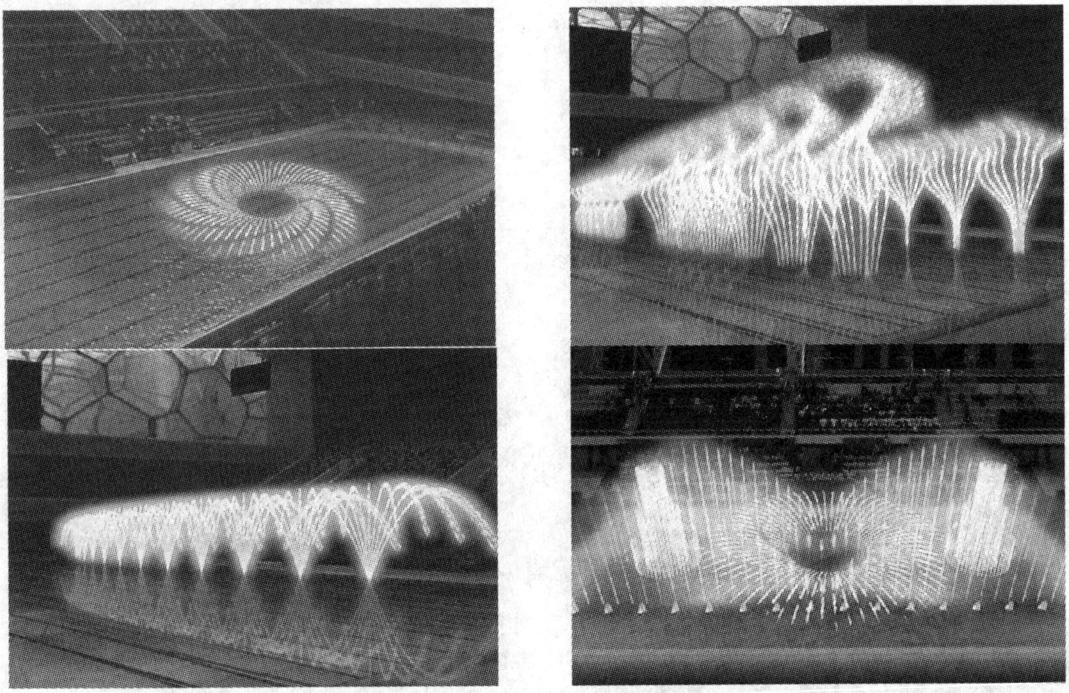

图 4.4　梦幻水立方音乐喷泉水造型

秀旅游城市。该市处于我国东南沿海地区向中部内地延伸的过渡地带,也是内地通向东南沿海的重要通道之一,市区人口 56.91 万人。坐落于该座城市黄金开发区的黄金广场,占地 133 340 m^2(200 亩),广场内设置大量喷泉、人工湖、小溪供游娱之用(图 4.5)。

图4.5　江西省某市黄金广场音乐喷泉水造型

4.1.4　喷泉的种类

1.普通喷泉

普通喷泉只有简单的几种固定水型及灯光,随着电源的开闭而控制喷泉的运行、水型,灯光变化少,一般为早期产品或只用于装饰性喷泉时使用。其特点是制造简单,造价低。

2.程控喷泉

程控喷泉是将各种水型及灯光,按照预先设定的排列组合进行控制程序的设计,通过计算机运行程序发出控制信号,使水型及灯光有各种各样的变化。

3.音乐程控喷泉

音乐程控喷泉是在程序控制喷泉的基础上加入了音乐控制系统,计算机通过对音频及MIDI信号的识别,进行译码和编码,最终将信号输出到控制系统,使喷泉的造型及灯光的变化与音乐保持同步,从而达到喷泉水型、灯光及色彩的变化与音乐情绪的完美结合,使喷泉表演更加生动、富有内涵。音乐喷泉可以根据音乐的高低起伏变化,用户可以在编辑界面编写自己喜爱的音乐程序。播放系统可以实现音乐、水、灯光气氛统一,播放同步。

4.水幕激光电影

水幕激光表演系统是将激光器发出的激光束射在水幕喷头喷出的水膜上,激光束由激光控制系统编程控制,可发出多种多样的图案及色彩,照射在晶莹透明的水膜上,形成斑斓夺目的奇异效果。水幕电影出现于20世纪80年代,在国际上也仅有法国、日本等几个国家的大城市拥有。水幕电影采用特殊的录影机播放，使用的影片也是专门为水幕电影特制的影带。由于电影的屏幕是透明的水膜，因此在电影播放时会有一种特殊的光学效果，屏幕的视觉穿透性可使画面具有一种立体的感觉，影片的内容可与水面巧妙地结合，更有一种身临其境般的奇幻感觉。Dsss 水幕电影是通过高压水泵和特制水幕发生器，将水自上而下高速喷出，雾化后形成扇形“银幕”，由专用放映机将特制的录影带投射在“银幕”上，形成水幕电影。当观众在观看电影时，扇形水幕与自然夜空融为一体，当人物出入画面时，好似人物腾起飞向天空或自天而降，产生一种虚无缥缈和梦幻的感觉，令人神往。

水幕电影投影机由机械装置、控制支架、RS322 通讯口、软件、时间信号界面及 DMX512 接口组成。该投影机的发动机通过光学传感控制，精度高，其控制方法有编程控制、直接控制和实用程序控制三种。

5. 水珍珠喷泉

水珍珠喷泉是利用特殊音波将水变成球体的喷水装置（WPS 系统）和全频高速闪光灯（WPS 系统）的视觉残像效果的系列配套产品。水珍珠可在 1 s 内连续喷出 50～60 颗大小的水珠，用专用全频高速闪光灯（WPS 系列）成功地实现了水珠悬浮在空中的动人景象。这种全频高速闪光灯和普通闪光灯不同，它可高速闪光，看起来与自然的室内照明无两样。用游标卡尺可准确测量出悬浮在空中的水珠直径，令人难以相信，还以为是视觉错觉。水珍珠与普通喷水不同，它不仅仅是单一的空间装饰，而且是可在各种设施中利用水的视觉、触觉效果，为人们提供观赏、其乐无穷的安全的划时代的喷水装置。

水珍珠喷泉可生成直径 8～30 mm 的水珠。喷水形状分为呈曲线下落的抛物线型（WPP 系列）和呈直线下落的垂直下喷型（WPV 系列）。水珠大小、喷水形状可据不同用途安装。使用本品进行组合，既可设计出桌上迷你喷泉，也可构筑势如尼加拉瓜瀑布般气势磅礴、宏伟壮观的喷泉，用途广泛。

在游泳池、浴池等健康娱乐设施中，水珠连打可起到舒适的按摩效果。水流变成球体下落时，它的瞬间水流冲击力可达到普通水流的十几倍。实际上，因为水珍珠是 1 s 内喷出的大约 50～60 颗球体水珠集中于一点落下，当它敲打在人体的肩膀、手臂等某一部位的某个小小的穴位时，感受如同享受精心的按摩一样，令人舒适爽快。除了观赏效果之外，水珍珠喷泉还会令人们情不自禁地去伸手触摸水珍珠，是这一产品的一大特点。

6.游戏喷泉

游戏喷泉又称感应泉,喷泉水柱根据游人的动作产生反应,而且这种反应具有不确定性,是一种互动式喷泉,增强了娱乐氛围。人们可以融入喷泉水景中进行各种戏水活动,如穿过由彩虹状水型形成的隧道,由水型矩阵形成的迷宫,还可以实现水炮打靶,用呐喊来控制喷泉水柱的高低;用脚踩钢琴键发出音符的同时喷出高低对应的水柱,通过触摸改变水柱的颜色或水流方向、形态,产生水雾、气泡甚至跳出彩球和奖品等,给人带来轻松愉悦的心情。

7.跳跳喷泉

跳跳喷泉又名光亮泉。这是一种高科技水景艺术,水形似根根晶莹透彻的冰柱,一条条、一串串飞向空中,轻舞飞扬,不渐不散。如果是一对跳跳喷泉,可实现长对跳、中对跳、短对跳、错位跳等,令人目不暇接。如果安装的个数多于两个,还可以增加追逐、跟踪等功能。

4.2 喷泉设计

喷泉,象征力量,象征智慧,富有动感和生气。它给人带来清新的环境,无限的遐想和美好的享受。近年来,由于工业的发展和城市人口的增加,自然景观受到了限制;同时,随着社会进步和现代技术的发展,人们不断要求改善环境,创造新的文化生活,追求更丰富多彩的生活情趣。因此,喷泉赢得了人们的广泛喜爱。

喷泉主要由水源、喷水池、喷头、管路系统和控制系统等组成。图4.6、4.7和图4.8分别为一典型喷泉的给排水系统和照明系统的平面图、剖面图和立视图。

4.2.1 喷泉的选址与水源

1.喷泉位置的选择

在选择喷泉位置、布置喷水池周围的环境时,首先要考虑喷泉的主题、形式,要与环境相协调,把喷泉和环境统一考虑,用环境渲染和烘托喷泉,以达到装饰环境,或借助喷泉的艺术联想创造意境的目的。

在一般情况下,喷泉的位置多设于建筑、广场的轴线焦点或端点处,也可以根据环境特点,做一些喷泉小景,自由地装饰室内外的空间。喷泉宜安置在

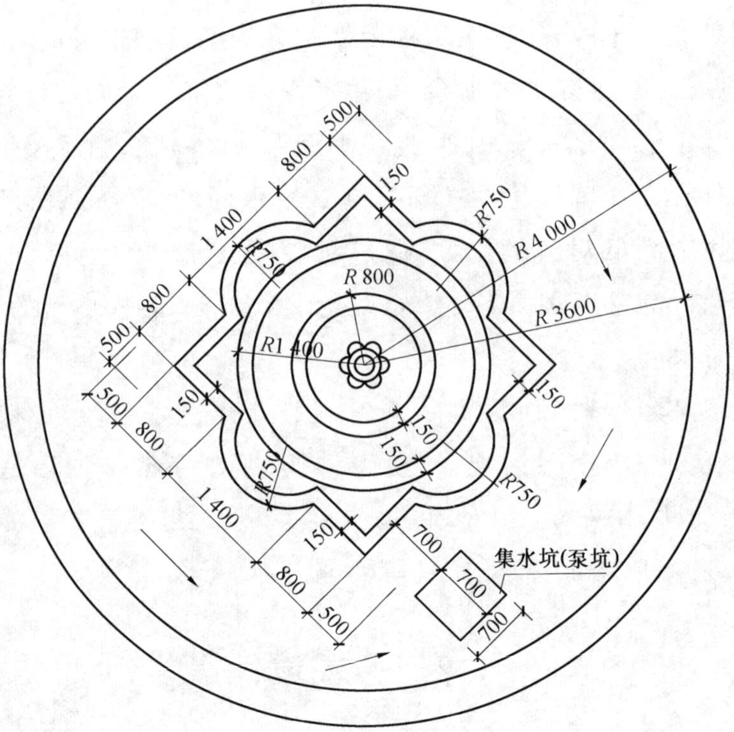

图 4.6　喷泉顶视图

避风的环境中以保持水型。

喷水池的形式有自然式和整形式。喷水的位置可以居于水池中心,组成图案,也可以偏于一侧或自由地布置;另外要根据喷泉所在地的空间尺度来确定喷水的形式、规模及喷水池的大小比例。

喷水的高度和喷水池的直径大小与喷泉周围的场地有关。根据人眼视域的生理特征,对于喷泉、雕塑、花坛等景物,其垂直视角在 30°、水平视角在 45°的范围内有良好的视域。那么对于喷泉来讲,怎样确定“合适视距”呢?粗略地估计,大型喷泉的合适视距约为喷水高的 3.3 倍,小型喷泉的合适视距约为喷水高的 3 倍;水平视域的合适视距约为景宽的 1.2 倍。当然,也可以缩短视距,造成仰视的效果,来强化喷水给人的高耸的感觉。

2.喷泉的水源

喷泉的水源应为无色、无味、无有害杂质的清洁水。因此,喷泉除用城市自来水作为水源外,其他像冷却设备和空调系统的废水等也可作为喷泉的水

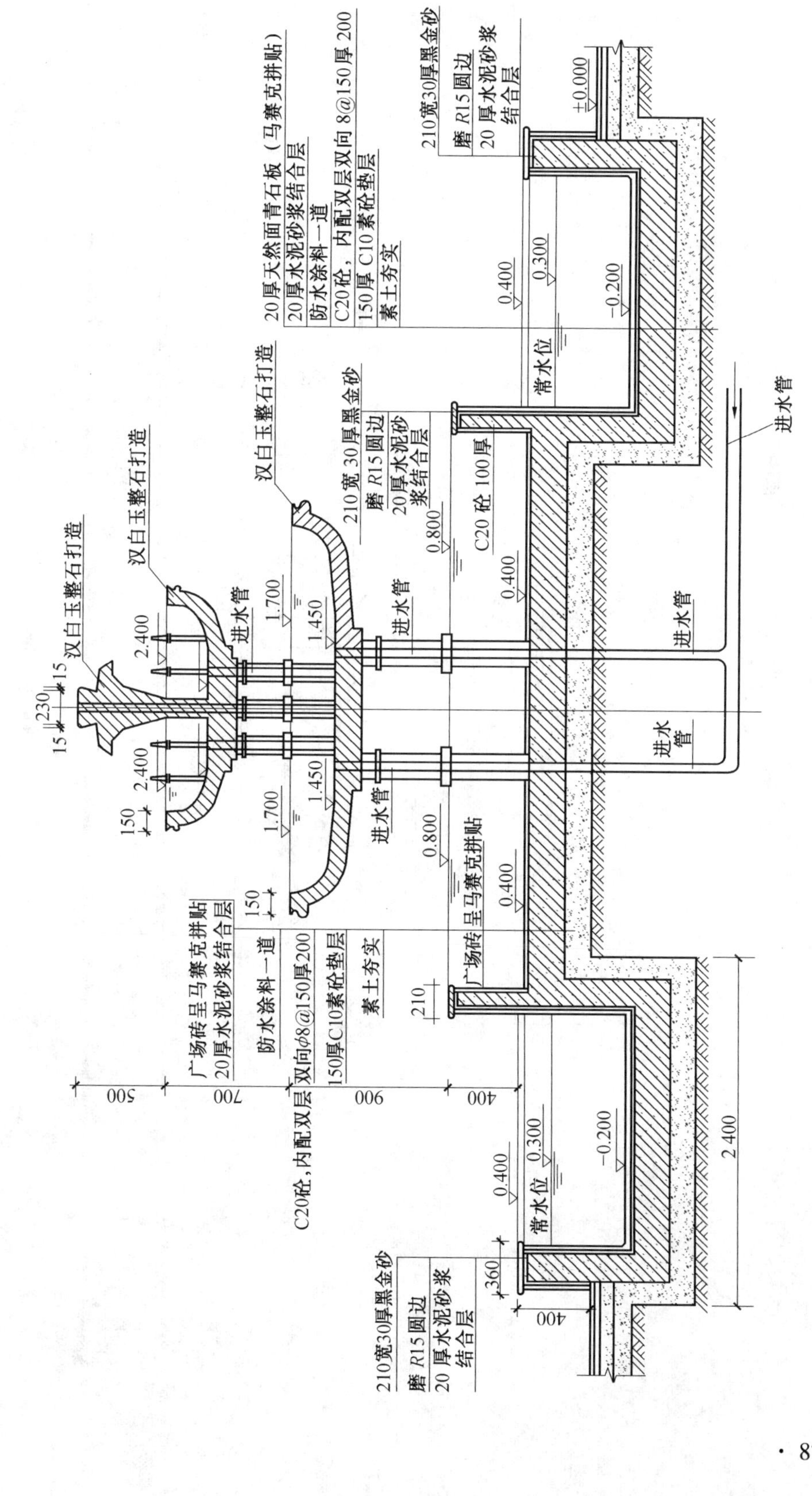
20 厚天然面青石板（马赛克拼贴）
20 厚水泥砂浆结合层
防水涂料一道
C20 砼，内配双层双向 8@150 厚 200
150 厚 C10 素砼垫层
素土夯实
210 宽 30 厚黑金砂
磨 R15 圆边
20 厚水泥砂浆结合层
汉白玉整石打造
汉白玉整石打造
汉白玉整石打造
C20 砼 100 厚
进水管
常水位
广场砖呈马赛克拼贴
20 厚水泥砂浆结合层
防水涂料一道
C20砼，内配双层双向φ8@150厚200
150厚C10素砼垫层
素土夯实
±0.000
0.400
0.300
−0.200
0.800
1.700
1.450
2.400
2.400
500
700
900
400
400
360
210
150
230
15
2 400

图 4.7　喷泉剖面图

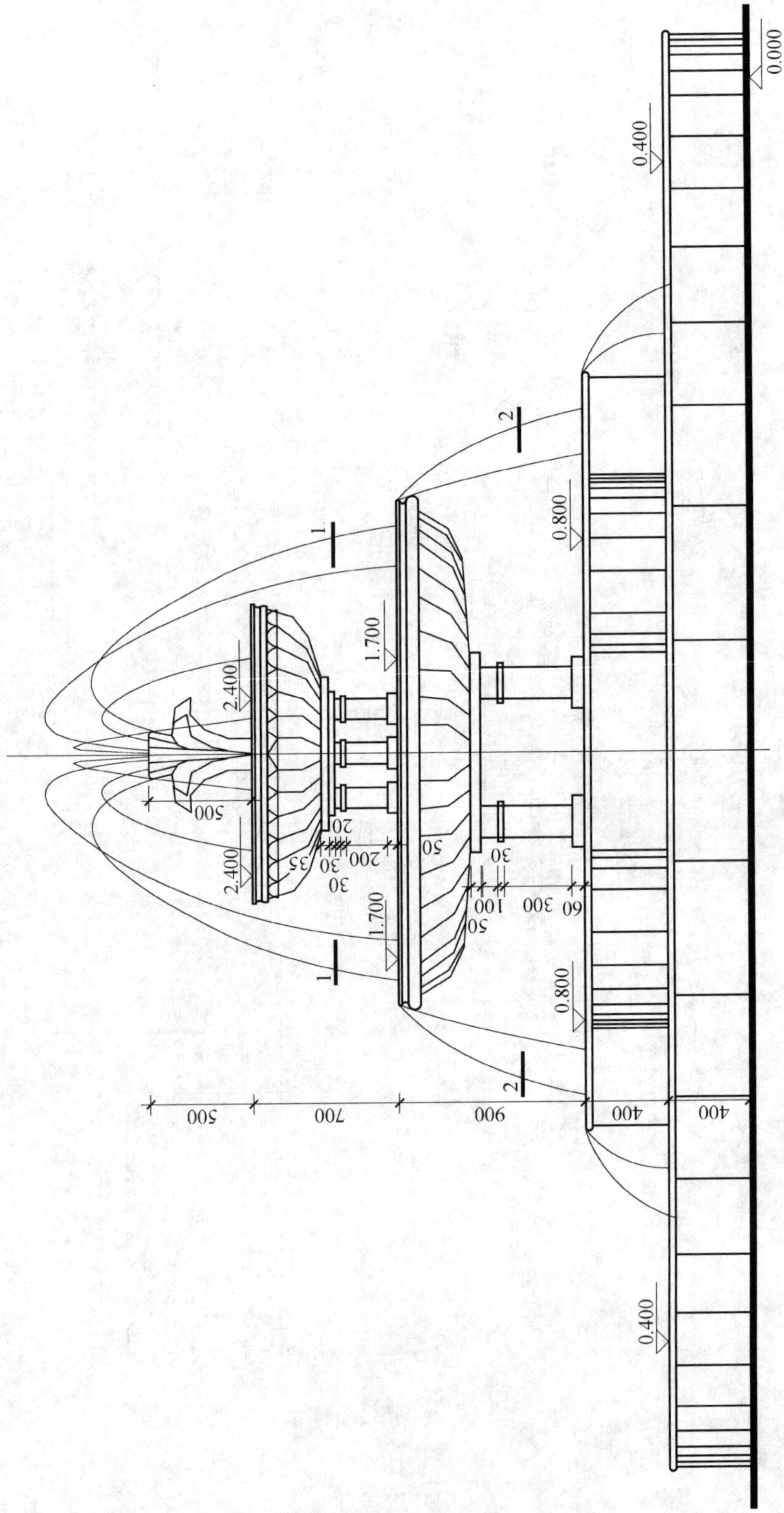
0.000
0.400
0.400
0.800
0.800
1.700
1.700
2.400
2.400
1
1
2
2
500
700
900
400
400
500
20
30
35
30
30
200
50
50
30
100
300
60
50

图 4.8 喷泉立面图

源。喷泉水体的水源种类宜采用下列水源：

(1)天然河、湖泊、水库水。

(2)雨水、雪水。

(3)工业循环用水。

(4)再生水。

(5)地下水。

(6)海水。

例如，北京奥运森林公园及鸟巢周边人工湖采用的都是再生水。具体水质要求，我们将在第5章中介绍。

除滨海或海上水景喷泉工程外，应优先采用天然淡水水源，在缺水地区应优先采用再生水源。天然或人工河道、湖泊、水库应经污水截流后，必要时尚需经河道清淤和堤岸护坡等治理后方可用作景观水体。应根据水景喷泉工程总体规划，计算和确定水景喷景观水体的水面形状、总面积、高程、水深和最小总容量。

4.2.2 喷泉的供水形式

喷泉供水水源多为人工水源，有条件的地方也可利用天然水源。目前，最为常见的供水方式有直流式供水、水泵循环供水和潜水泵循环供水3种(图4.9)。

1.直流式供水

直流式供水形式如图4.9(a)所示。直流式供水特点是自来水供水管直接接入喷水池内与喷头相接，给水喷射一次后即经溢流管排走。其优点是供水系统简单，占地小，造价低，管理简单。缺点是给水不能重复利用，耗水量大，运行费用高，不符合节约用水要求；同时由于供水管网水压不稳定，水的形状难以保证。直流式供水常与假山盆景结合，可做小型喷泉、孔流、涌泉、水膜、瀑布、壁流等，适合于小庭院、室内大厅和临时场所。

2.水泵循环供水

水泵循环供水形式如图4.9(b)所示。水泵循环供水特点是另设泵房和循环管道，水泵将池水吸入后经加压送入供水管道至水池中，水经喷头喷射后落入池内，经吸水管再重新吸入水泵，使水得以循环利用。其优点是耗水量小，运行费用低，符合节约用水要求；在泵房内即可调控水形变化，操作方便，水压

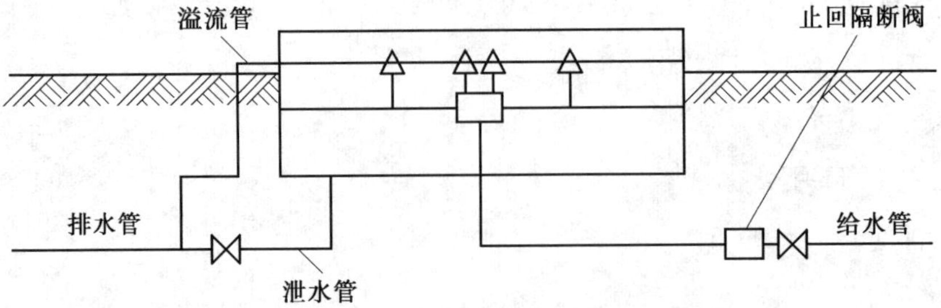

(a)直流式供水

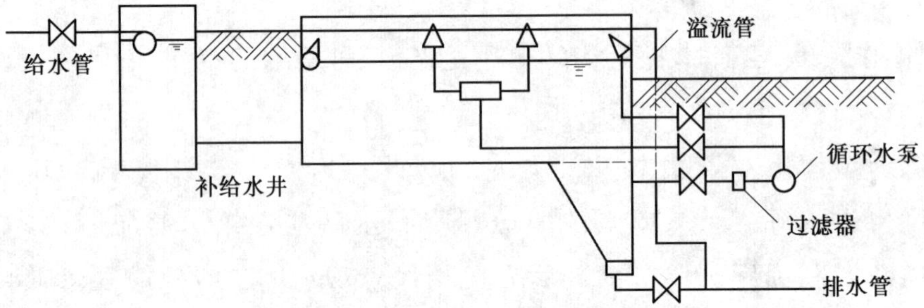

(b)水泵循环供水

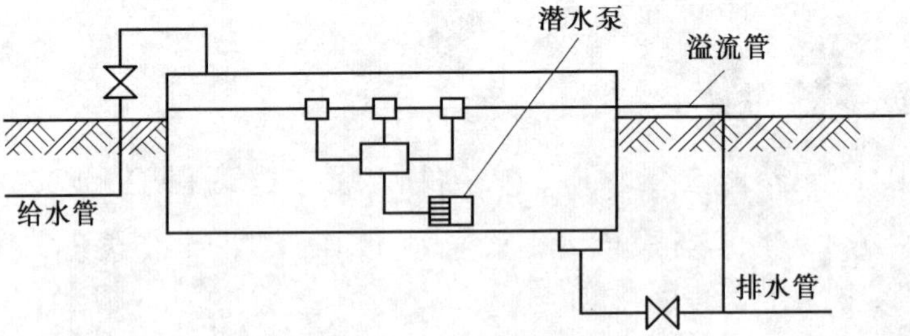

(c)潜水泵循环供水

图 4.9　喷泉的供水形式

稳定。缺点是系统复杂,占地大,造价高,管理麻烦。水泵循环供水适合于各种规模和形式的水景工程。

3.潜水泵循环供水

潜水泵循环供水形式如图 4.9(c)所示。潜水泵循环供水特点是潜水泵安装在水池内与供水管道相连,水经喷头喷射后落入地内,直接吸入泵内循环利用。其优点是布置灵活,系统简单,占地小,造价低,管理容易,耗水量小,运行费用低,符合节约用水要求。缺点是水形调整困难。潜水泵循环供水适合于中小型水景工程。

随着科学技术的日益发展,大型自控喷泉不断出现,为适应水形变化的需要，常常采取水泵和潜水泵结合供水，充分发挥各自特点，保证供水的稳定性和灵活性，并可简化系统，便于管理。

4.人工喷泉水池供水及补水规定

人工水景喷泉水池水充满时间，应根据水池体量、使用性质、供水条件或水源条件等因素确定，当资料不足时，可按下列规定：

(1)容积不大于500 m^3 的小体量人工水景喷泉水池注水充满时间不宜超过12 h，最长不应超过24 h。

(2)容积大于500 m^3 大体量人工水景喷泉水池不宜超过24 h，最长不应超过48 h。

(3)如采用雨水等再生水可适当放宽。

水景喷泉工程的补水，应按照前面所述规定的水源种类选用。当只有自来水水源时，在采用自来水的同时，应采取防回流污染水源的措施。住宅小区的人工景观水体的补水严禁使用自来水。水景喷泉工程的补水量计算应符合下列规定：

(1)当天然或人工河道类重力连续流动水体形成的水景，其水源符合国家标准《地表水环境质量标准》(GB 3838—2002Ⅳ、Ⅴ类)水质时，不需补水。

(2)当有设计资料时，补水量应按下式计算：

$$Q = Q_1 + Q_2 + Q_3 + Q_4 + Q_5 + Q_6 \tag{4.1}$$

式中 Q——补水量，m^3/d；

Q_1——蒸发量，m^3/d；

Q_2——风吹损失量，m^3/d；

Q_3——渗漏量，m^3/d；

Q_4——绿化用水量，m^3/d；

Q_5——浇洒道路用水量，m^3/d；

Q_6——其他或未预见损失水量，m^3/d。

4.3 喷泉常用喷头和水造型

喷头是喷泉的一个主要组成部分，它的作用是把具有一定压力的水，经过喷嘴的造型，形成各种预想的、绚丽的水花，喷射在水面的上空。因此，喷头的型式、结构、制造的质量和外观等，都对整个喷泉的艺术效果，产生重要的影响。

喷头因受水流(有时甚至是高速水流)的摩擦,一般多用耐磨性好、不易锈蚀、又具有一定强度的黄铜或青铜制成。为了节约铜材料,近年来亦使用铸造尼龙(几内铣氨)制造喷头,这种喷头具有耐磨、自润滑性好、加工容易、轻便(质量只有铜的七分之一)、成本低等优点。但目前尚存在着易老化、使用寿命短、零件尺寸不易严格控制等问题,因此主要用于低压喷头。

喷头出水口的内壁及其边缘的光洁度,对喷头的射程及喷水形有较大的影响。因此,设计时应根据各种喷嘴的不同要求或同一喷头的不同部位,选择不同的光洁度。目前国内外经常使用的喷头种类很多,主要有以下一些种类。

4.3.1 单射程喷头

单射程喷头能喷射出单一的水线,是喷泉中使用最广泛的一种。其结构简单,通常又分为三种类型:定向直射型,可调定向直射型,万向直射型喷头。其构造及水造型如图 4.10 所示。表 4.1 为单射程喷头的主要性能参数。

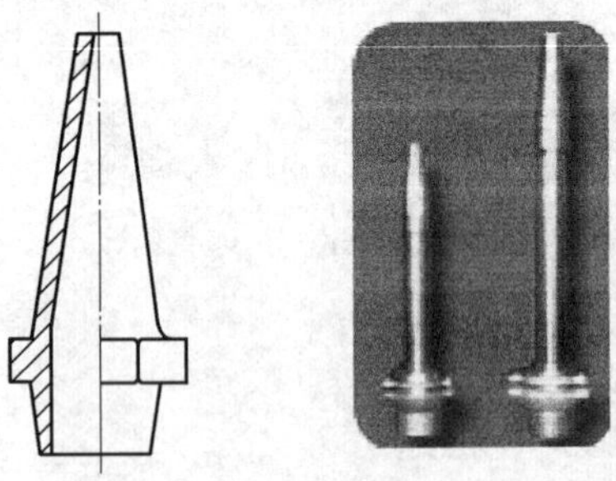

(a) 定向直射型喷头

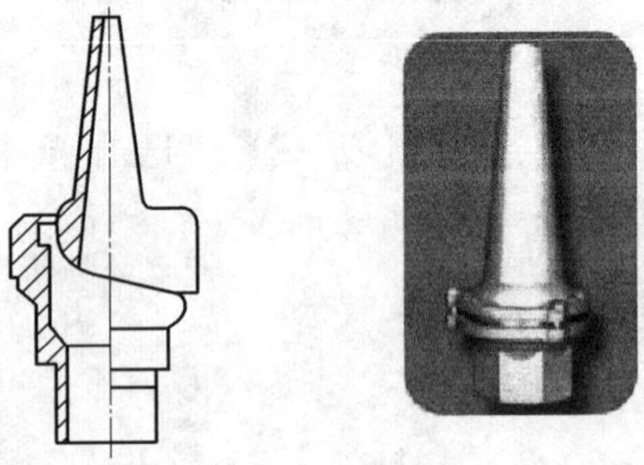

(b)万向直射型喷头

(c)单射程喷头水造型

图 4.10　单射程喷头及水造型

表 4.1　单射程喷头的主要性能参数

喷头类型	序号	连接尺寸		技术参数			
		公称直径/mm	英寸	工作压力/kPa	喷水量/($m^3 \cdot h^{-1}$)	喷射高度/m	喷射形状
单射程喷头	1	65	$2_{1/2}$	70 ~ 150	10 ~ 15	3.5 ~ 10	射线状
	2	50	2	50 ~ 150	5 ~ 8	3.5 ~ 8	
	3	40	$1_{1/2}$	50 ~ 150	3 ~ 5	3.5 ~ 8	
	4	25	1	50 ~ 150	2.5 ~ 4	3.5 ~ 8	
	5	20	3/4	50 ~ 150	1 ~ 3	5	
	6	15	1/2	50 ~ 150	0.3 ~ 1.5	5	
	7	10	3/8	50 ~ 150	0.1 ~ 1.0	4	
万向直射型喷头	1	65	$2_{1/2}$	70 ~ 150	10 ~ 15	3.5 ~ 10	射线状
	2	50	2	50 ~ 150	5 ~ 8	3.5 ~ 8	
	3	40	$1_{1/2}$	50 ~ 150	3 ~ 5	3.5 ~ 8	
	4	25	1	50 ~ 150	2.5 ~ 4	3.5 ~ 8	
	5	20	3/4	50 ~ 150	1 ~ 3	3.5 ~ 8	
	6	15	1/2	50 ~ 150	0.3 ~ 1.5	3.5 ~ 8	
	7	10	3/8	50 ~ 150	0.1 ~ 1.0	2.5 ~ 5	

1.定向直射型喷头

这种喷头能喷射出垂直或倾斜的固定射流。它可以单独使用,也可以与多数喷头组合使用,形成多种多样的喷水图案。

2.可调定向直射型喷头

这种喷头的性能与定向直射型喷头基本相同,唯其喷水压力可以调节。

3.万向直射型喷头

这种喷头的喷水型与单射程喷头相同。但它是由活动喷嘴、套筒、底座和硬橡胶垫圈 4 个部件组成。其喷嘴的球面体与套筒间为滑动配合,因此喷嘴的喷射角度可以以一定角度为轴任意选定,因此可以组合成非常丰富的水造型。

4.3.2　涌泉喷头

涌泉喷头喷水时将空气吸入而形成丰满的水丘,水声较大,气氛强烈,带有白色膨胀的泡沫,呈白色不透明状,有很好的吸光性能。其抗风力强,对水位有一定的要求,变化的水位会形成更加丰富的喷高,极富动感。分带吸气管和无吸气管两种(图 4.11)。涌泉喷头的主要性能参数见表 4.2。

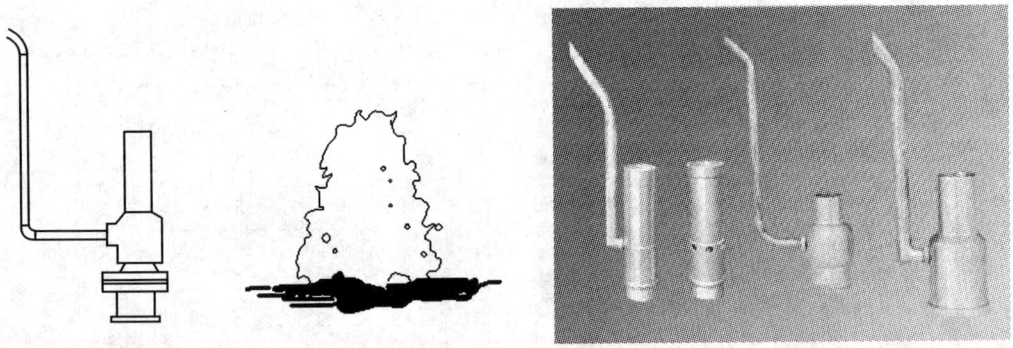

图 4.11　涌泉喷头及水造型

表 4.2　涌泉喷头的主要性能参数

喷头类型	序号	连接尺寸		技术参数			
		公称直径/mm	英寸	工作压力/kPa	喷水量/($m^3 \cdot h^{-1}$)	喷射高度/m	喷洒直径/m
涌泉喷头	1	100	4	100 ~ 150	35 ~ 65	0.6 ~ 1.3	0.6 ~ 0.8
	2	75	3	100 ~ 150	25 ~ 40	0.5 ~ 1.0	0.5 ~ 0.7
	3	65	$2_{1/2}$	100 ~ 150	18 ~ 30	0.5 ~ 1.0	0.4 ~ 0.7
	4	50	2	60 ~ 100	17 ~ 18	0.4 ~ 0.8	0.3 ~ 0.6
	5	40	$1_{1/2}$	50 ~ 100	9 ~ 13	0.4 ~ 0.6	0.3 ~ 0.5
	6	25	1	50 ~ 100	3.5 ~ 8	0.3 ~ 0.5	0.2 ~ 0.4
	7	20	3/4	50 ~ 100	5	0.2 ~ 0.35	0.15 ~ 0.3
	8	15	1/2	50 ~ 100	1.5 ~ 3	0.15 ~ 0.3	0.1 ~ 0.2

4.3.3　喷雾喷头

这种喷头一般在套筒内装有螺旋状导流板,使水沿导流板螺旋运动,当高压的水由出水口喷出后,能形成细细的雾状水珠。另一种做法是在喷头出水口外装一个雾化针,当高速水流与雾化针碰撞时,将水流粉碎形成水雾(图 4.12)。喷雾喷头的主要性能参数见表 4.3。

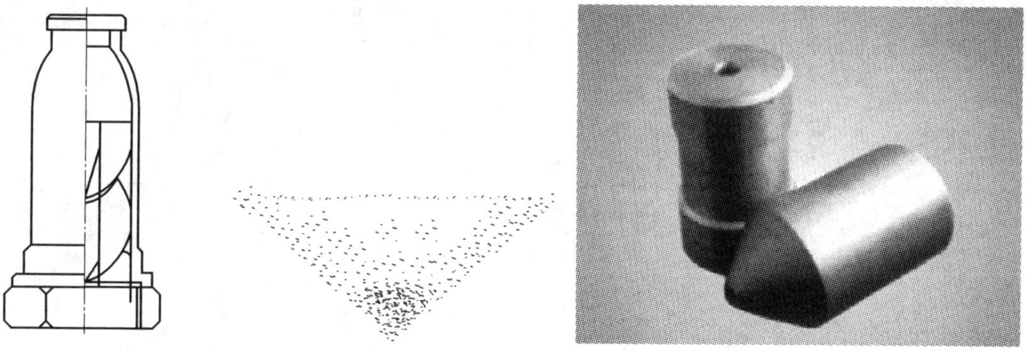

图 4.12　喷雾喷头及水造型

表 4.3　喷雾喷头的主要性能参数

喷头类型	序号	连接尺寸		技术参数			
		公称直径/mm	英寸	工作压力/kPa	喷水量/($m^3·h^{-1}$)	喷射高度/m	覆盖直径/m
喷雾喷头	1	15	1/2	90~200	0.50~2.00	2.0~5.0	5~8
	2	20	3/4	90~200	0.50~2.00	2.0~6.0	5~8
	3	25	1	90~200	0.58~3.50	2.5~6.0	5~10
	4	50	2	25~200	0.58~2.68	2.5~7.0	5~10

4.3.4　旋转式喷头

这种喷头是利用喷嘴喷水时的反作用力，推动喷头的转筒旋转，而使喷嘴不断地旋转，从而形成旋转的喷水造型（图 4.13）。旋转式喷头的主要性能参数见表 4.4。

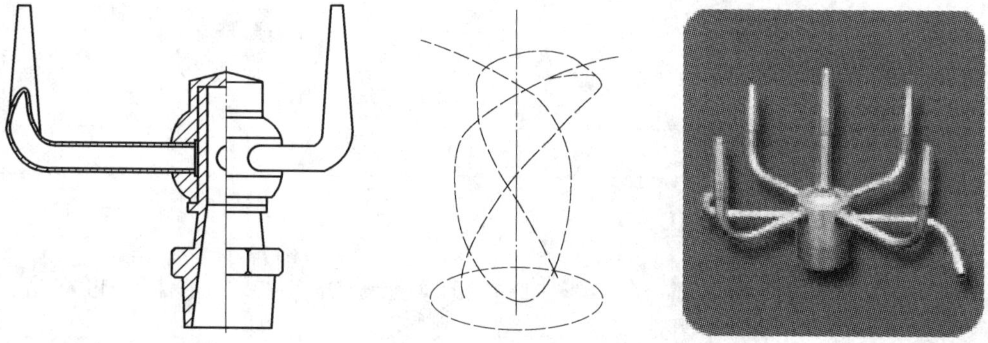

图 4.13　旋转式喷头及水造型

表 4.4　旋转式喷头的主要性能参数

喷头类型	序号	连接尺寸		技术参数			
		公称直径/mm	英寸	工作压力/kPa	喷水量/($m^3 \cdot h^{-1}$)	喷射高度/m	喷洒直径/m
旋转式喷头	1	65	$2_{1/2}$	100	33.0	7	2.0~3.0
	2	50	2	100	22.0	7	1.5~2.0
	3	25	1	40	3.5	3	1.0~1.5
	4	10	3/4	40	2.3	3	0.5~1.0

4.3.5　孔雀形喷头

这种喷头壳体上有 10 多个孔道，能喷射出多条水线，形成像孔雀开屏一样美丽的水花(图 4.14)。孔雀形喷头的主要性能参数见表 4.5。

图 4.14　孔雀形喷头

表 4.5　孔雀形喷头的主要性能参数

喷头类型	序号	连接尺寸		技术参数			
		公称直径/mm	英寸	工作压力/kPa	喷水量/($m^3 \cdot h^{-1}$)	喷射高度/m	喷洒直径/m
孔雀形	1	50	1	50~100	15~33	2~4	3~6

4.3.6　缝隙式喷头

这种喷头喷水时水流自扁平喷嘴的缝隙中喷出，形成扇形的水膜(图 4.15)。缝隙式喷头的主要性能参数见表 4.6。

图 4.15　缝隙式喷头及水造型

表 4.6　缝隙式喷头的主要性能参数

喷头类型	序号	连接尺寸		技术参数			
		公称直径/mm	英寸	工作压力/kPa	喷水量/($m^3 \cdot h^{-1}$)	喷射高度/m	喷洒直径/m
缝隙式喷头	1	50	2	30 ~ 80	12 ~ 28	0.6 ~ 1.3	1.0 ~ 2.2
	2	40	3/2	30 ~ 80	8 ~ 22	0.5 ~ 1.0	0.8 ~ 1.5
	3	25	1	30 ~ 80	2.5	0.3 ~ 0.8	0.6 ~ 1.2
	4	15	1/2	50	3 ~ 5	0.2 ~ 0.6	0.4 ~ 0.8

4.3.7　重瓣花喷头

这种喷头的出水口分布在三个不同高度的台面上。各台面上有不同数量、不同大小的出水口，能喷出不同高度、不同水量的水造型，因而能形成一朵亭亭玉立的重瓣花形（图 4.16）。重瓣花喷头的主要性能参数见表 4.7。

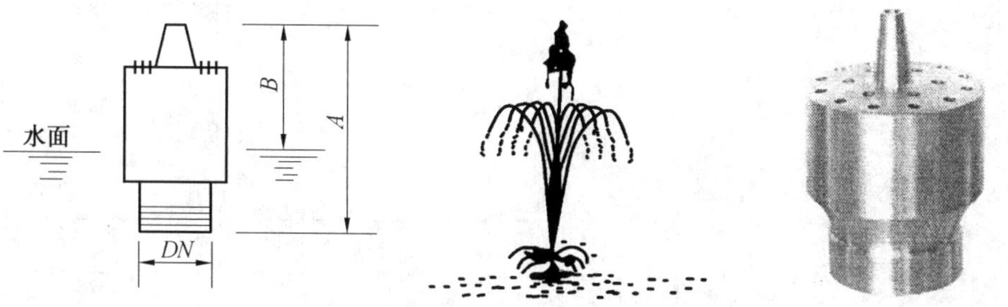

图 4.16　重瓣花喷头及水造型

表 4.7　重瓣花喷头的主要性能参数

喷头类型	序号	连接尺寸		技术参数			
		公称直径/mm	英寸	工作压力/kPa	喷水量/($m^3 \cdot h^{-1}$)	喷射高度/m	喷洒直径/m
重瓣花	1	40	$1_{1/2}$	50 ~ 150	3 ~ 7	1 ~ 3	1.5 ~ 3.0

4.3.8　伞形喷头(蘑菇形喷头)

这种喷头在出水口的上面有一个弧形的反射器，当水流通过反射器的导水板造型后能形成像伞一样薄薄的水膜(图 4.17)。伞形喷头的主要性能参数见表 4.8。

图 4.17　伞形喷头及水造型

表 4.8　伞形喷头的主要性能参数

喷头类型	序号	连接尺寸		技术参数			
		公称直径/mm	英寸	工作压力/kPa	喷水量/($m^3 \cdot h^{-1}$)	喷射高度/m	喷洒直径/m
伞形喷头	1	100	4	10 ~ 20	15.0	5.0	2.0
	2	75	3	10 ~ 20	12.0	5.0	1.5
	3	50	2	10 ~ 15	5.0	5.0	1.2
	4	40	$1_{1/2}$	6 ~ 10	3.0	4.0	1.0
	5	25	16 ~ 10	2.0	2.5	0.6	
	6	20	3/4	5 ~ 8	1.5	2.5	0.5
	7	15	1/2	5 ~ 8	1.0	0.2	0.3

4.3.9　牵牛花形喷头

这种喷头在出水口的前面有一个喇叭形的导水板，当水流沿导水板喷出时，能形成像牵牛花一样的水造型（图4.18）。牵牛花形喷头的主要性能参数见表4.9。

图4.18 牵牛花形喷头及水造型

表4.9 牵牛花形喷头的主要性能参数

喷头类型	序号	连接尺寸		技术参数			
		公称直径/mm	英寸	工作压力/kPa	喷水量/($m^3 \cdot h^{-1}$)	喷射高度/m	喷洒直径/m
牵牛花形喷头	1	40	$1\frac{1}{2}$	150~280	5~10	1.5~5.0	1.0
	2	25	1	100~200	3~6	1.8~3.0	0.6
	3	20	3/4	80~150	3	1.0~2.0	0.5
	4	15	1/2	60~100	1~2	0.8~1.5	0.3

4.3.10 冰树形喷头

这种喷头的上部有一个花瓶形的套筒，并与下面的喷头间有支架相连接。当压力水由喷嘴喷出时，在出水口附近形成负压区，能将附近的水吸入套筒与喷嘴喷出的水汇合，形成树状的水柱喷向上空（图4.19）。冰树形喷头的主要性能参数见表4.10。

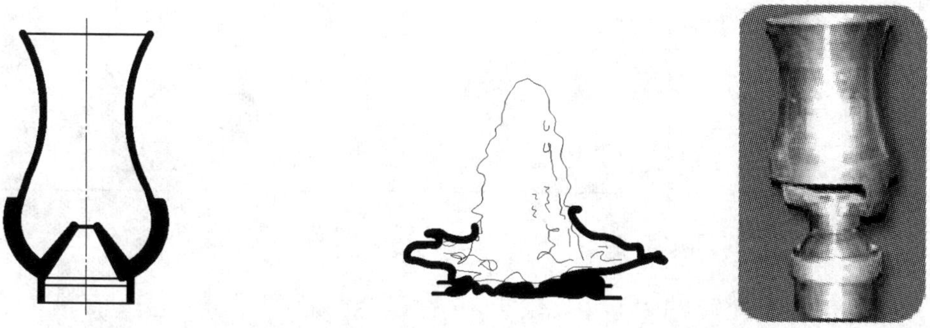

图4.19 冰树形喷头及水造型

表 4.10　冰树形喷头的主要性能参数

喷头类型	序号	连接尺寸		技术参数			
		公称直径/mm	英寸	工作压力/kPa	喷水量/($m^3 \cdot h^{-1}$)	喷射高度/m	喷洒直径/m
冰树形喷头	1	75	3	50~450	21~50	1~12	1.5
	2	50	2	50~400	12~25	1~10	1.0
	3	40	$1_{1/2}$	20~300	8~13	1~8	0.6
	4	25	1	40~200	6~10	1~6	0.3
	5	20	3/4	40~200	2~4	1~4	0.2

4.3.11　凤尾式喷头

这种喷头是在扇形喷头体上安排一排或两排可调小喷嘴，喷水造型如凤尾舒展，流彩动人(图 4.20)。凤尾式喷头的主要性能参数见表 4.11。

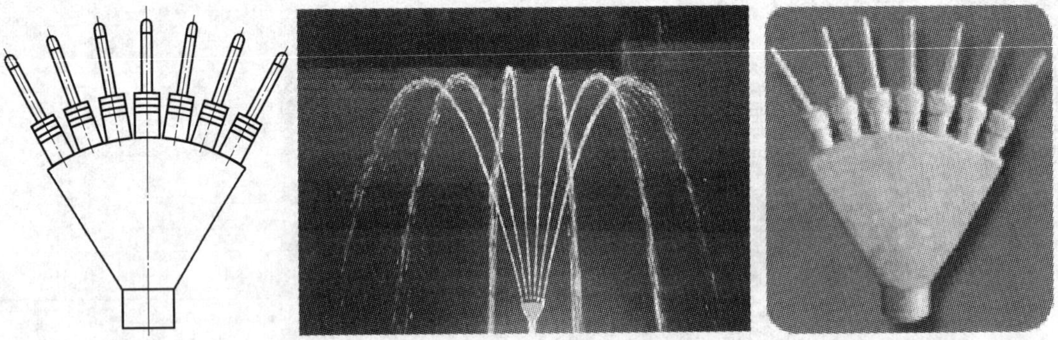

图 4.20　凤尾式喷头及水造型

表 4.11　凤尾式喷头的主要性能参数

喷头类型	序号	连接尺寸		技术参数			
		公称直径/mm	英寸	工作压力/kPa	喷水量/($m^3 \cdot h^{-1}$)	喷射高度/m	喷洒直径/m
凤尾式喷头	1	221	1	5~15	6.5~13.5	2~4	2~4
	2	192	$1_{1/2}$	5~15	4.5~19.5	2~4	2~4
	3	323	25~15	8.5~22.5	3~5	2~4	

4.3.12　风车形喷头

这也是一种旋转的喷头，只是它不是安装在管段的正上方，而是横向安装在管段的侧方。当水流喷出时能喷出头像车轮一样旋转的水花或呈螺旋状的水花(图4.21)。风车形喷头的主要性能参数见表4.12。

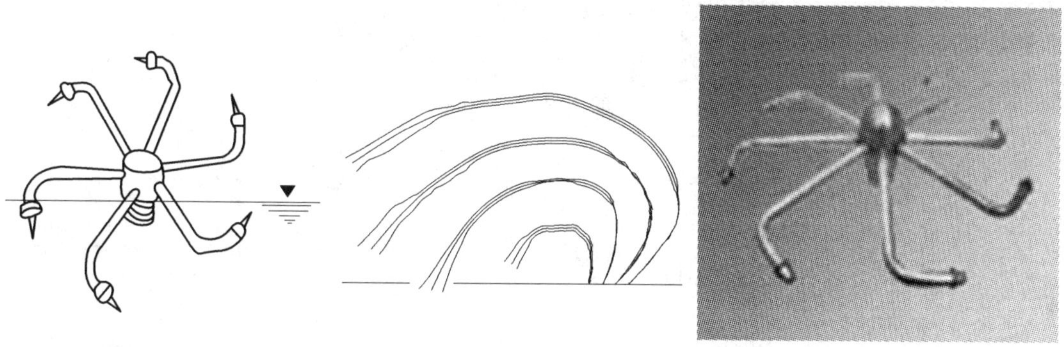

图4.21 风车形喷头及水造型

表4.12 风车形喷头的主要性能参数

喷头类型	序号	连接尺寸		技术参数			
		公称直径/mm	英寸	工作压力/kPa	喷水量/($m^3 \cdot h^{-1}$)	喷射高度/m	喷洒直径/m
风车形喷头	1	50	2	30~50	5.5~13.8	2.0~4.5	2.3~3.2
	2	40	$1_{1/2}$	30~50	4.8~7.0	1.0~3.5	1.0~2.1
	3	25	1	30~40	3.5~5.0	1.1~2.0	1.0~1.5

4.3.13 蒲公英形喷头

这种喷头是在圆球形的壳体上,装有数十个放射形的短管,又在每个短管的顶部装一个伞形喷头。当喷水时,能形成闪闪发光的球形体,酷似一朵美丽的蒲公英(图4.22)。蒲公英形喷头的主要性能参数见表4.13。

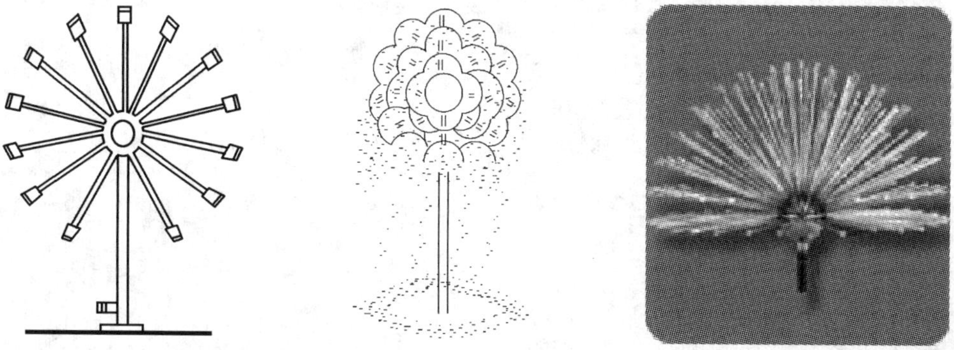

图4.22 蒲公英形喷头及水造型

表 4.13 蒲公英形喷头的主要性能参数

喷头类型	序号	连接尺寸		技术参数			
		公称直径/mm	英寸	工作压力/kPa	喷水量/($m^3 \cdot h^{-1}$)	喷射高度/m	喷洒直径/m
蒲公英喷头	1	100	4	100 ~ 150	80	2.5	2.3
	2	75	3	100 ~ 150	65	2.3	2.0
	3	65	$2_{1/2}$	100 ~ 150	40 ~ 50	2.0	1.5
	4	50	2	100 ~ 150	20 ~ 25	1.5	1.0
	5	40	$1_{1/2}$	80 ~ 100	8 ~ 15	1.3	0.8

4.3.14 宝石球喷头

这种喷头能喷出大大的透明晶莹的像珠宝一样的球体(图 4.23)。宝石球喷头的主要性能参数见表 4.14。

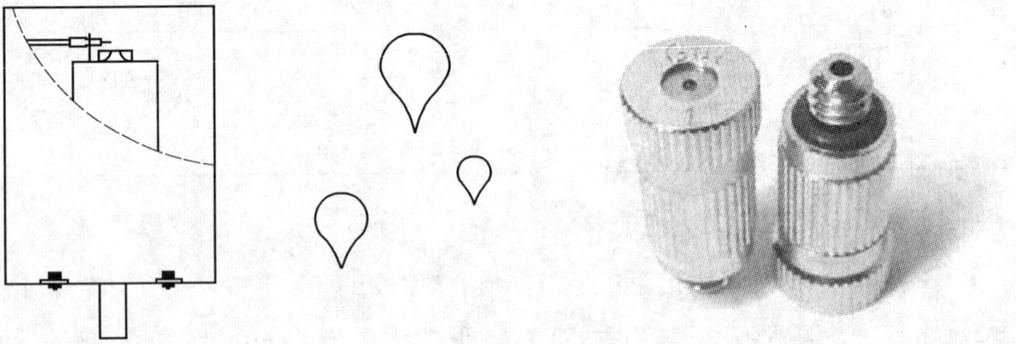

图 4.23 宝石球喷头及水造型

表 4.14 宝石球喷头的主要性能参数

喷头类型	序号	连接尺寸	技术参数			
		英寸	工作压力/kPa	喷水量/($m^3 \cdot h^{-1}$)	喷射高度/m	喷洒直径/m
宝石球	1	6	100 ~ 150	130	2.8	3.2
	2	4	100 ~ 150	80	2.5	2.3
	3	3	100 ~ 150	65	2.3	2.0
	4	$2_{1/2}$	100 ~ 150	40 ~ 50	2.0	1.5
	5	2	100 ~ 150	20 ~ 25	1.5	1.0
	6	$1_{1/2}$	50 ~ 80	8 ~ 15	1.3	0.8

4.3.15　跳跳泉喷头

这种喷头能根据选择的间距和长度，由电子设备或微处理器控制，喷射出实心水柱或断续的水流。跳跃射流的功能是由一个次级的高压喷水喷射器实现，它在给定的时间段上让水流通过，形成连续或断续的实心水柱。当以一定的角度射出时，水柱沿抛物线跃向空中。它具有对跳、错位跳、长跳、短跳等形式的组合。垂直使用时，会产生爆发式喷射或水母状水花，由于定时控制非常严格，必须在0.01 s以内，因此，在音乐喷泉中会有非常好的效果，具有极强的趣味性(图4.24)。跳跳泉喷头的主要性能参数见表4.15。

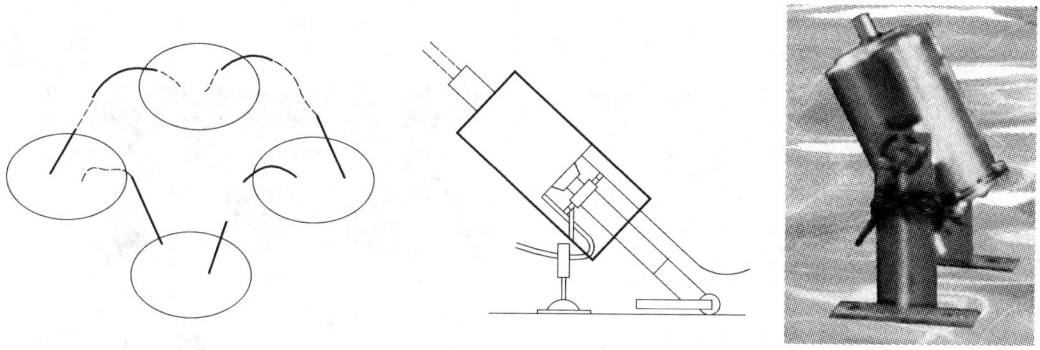

图4.24　跳跳泉喷头及水造型

表4.15　跳跳泉喷头的主要性能参数

喷头型号	供水管径、材质	喷头内置光源供电要求	供水要求			出水口径/mm	室外无风最佳效果		室内无风最佳效果	
			供水水质	流量/(L·min^{-1})	供水压力/kg		喷距/m	喷高/m	喷距/m	喷高/m
小型喷头	DN40/钢丝软管	12V/35W	必须提供洁净的水源(可配套水处理设备)水质达到游泳池用水标准以保证玻光喷泉能保持良好的层流效果、灯光效果。	50	1	14	2.6～3.0	2.1～1.8	2.8～3.5	2.3～1.8
中型喷头	DN40/钢丝软管	12V/35W		120	1.5	18	4.0～5.0	2.3～2.1	4.5～5.5	2.6～2.1
大型喷头	DN40/钢丝软管	12V/35W		220	2.2	22	6.5～7.5	3.0～2.5	7.0～8.0	4.0～2.8
其他配套设备	水泵、控制箱、水处理系统									
注意事项	1.跳跳喷泉无抗风力，注意使用环境 2.喷头前2 m的供水管道不能有弯头(采用软管)和阀门，必须提供稳定的水流 3.跳跳喷泉的灯源必须与喷水同步或延时打开，关闭必须提前或同步									

4.3.16 喷头的改进

随着时代的发展,人们要求的提高,简单的喷泉喷头已经满足不了现代音乐喷泉的要求,因此大量的组合喷头出现在人们眼前,其中有集束喷头、礼花喷头等等。

集束喷头是由许多万向直射喷嘴组合而成,这些喷嘴规格型号相同时,喷出的水型雄壮顺直、壮观美丽。这些喷嘴规格型号不完全相同时,大小喷嘴协调布置,喷出的水型粗壮有力、层次分明、主题突出,是喷泉的主要水景。

礼花喷头形如莲蓬喷头,其喷水造型外观形似一束鲜花,又似燃放的礼花,造型美观,引人注目。

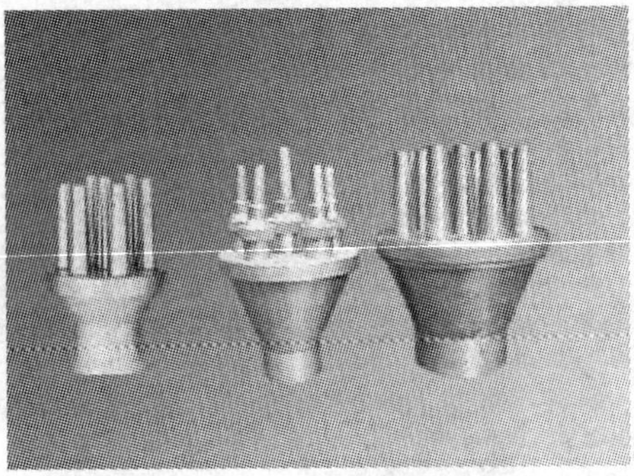

图 4.25 集束喷头

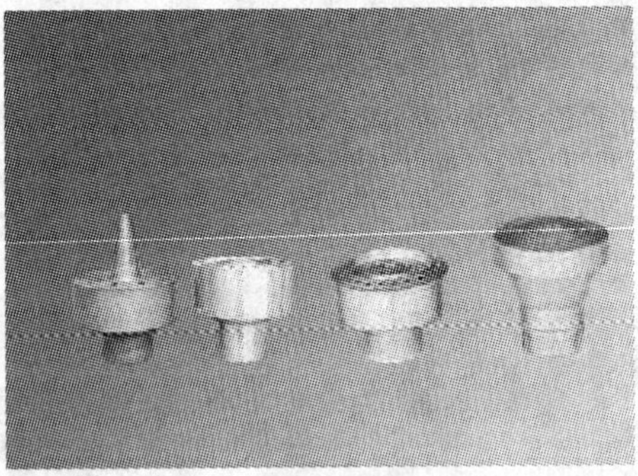

图 4.26 礼花喷头

4.4 喷泉的水力计算

喷头的水力特性是指各种喷头的压力、喷水量等。测定喷头水力特性的目的是为喷泉喷水姿态的设计和管路的计算提供基本参数。

4.4.1 压力和喷水量

1.压力

喷头的压力按喷头的不同部位,可以分为工作压力(H)和喷嘴压力($H_{嘴}$)。

(1)工作压力(H)

所谓喷头的工作压力,是指进入喷头前水的压力。它的单位常用 kg/cm^2 或 m 水柱/cm^2 表示。工作压力通常用压力计直接在喷头进水口前的竖管内测出。压力表的最大量测范围应是待测压力的两倍,使待测压力在压力表量程的1/3~1/2范围内。鉴定性测试应选用0.35级精度的压力表。测压孔应在离喷头进水口20 cm处,测压孔与管的内壁应成直角,测压孔的边缘不得有毛刺,测压孔与压力表用软管连接,压力表的安装高度应与测压孔等高,压力表前应装有三通旋塞,以便在读数前打开旋塞,把压力表内的空气排出。调压阀门应选用球阀或节流阀较好。调压阀门一般不应安装在竖管上,以保证水流平顺地进入喷头减少测压的误差。

(2)喷嘴压力($H_{嘴}$)

喷嘴压力是指喷嘴出水口处水流的总压力,即喷嘴的流速水头。喷嘴出水口的平均流速可用实际测得的喷头的流量除以喷嘴出水口的面积得到喷嘴的流速水头。就是说喷嘴的压力等于喷头的工作压力减去喷头内的水头损失。由于喷头内的水头损失很小,因此一般计算时可以忽略,而直接使用喷头的工作压力。

2.喷水量

喷水量是指喷头在单位时间内,由喷头喷出的水量,它常用m^3/h、l/min或l/s表示。

4.4.2 喷头的水力计算公式及参数

1.基本计算公式

$$v/(\mathrm{m\cdot s^{-1}}) = \varphi\sqrt{20gH} \tag{4.2}$$

$$H/\mathrm{kPa} = 10H_0 + \frac{v_0^2}{2g} \tag{4.3}$$

$$q/(\mathrm{L\cdot s^{-1}}) = \mu f\sqrt{20gH}\times 10^{-3} \tag{4.4}$$

$$\mu = \varphi\varepsilon \tag{4.5}$$

式中 v——出口流速(m/s);

φ——流速系数,其值与喷嘴形式有关;

g——重力加速度(m/s^2);

H——喷头入口处水压(kPa);

H_0——喷头入口处水静压(kPa);

v_0——喷头入口处水流速(m/s);

q——喷头出口流量(L/s);

μ——喷头流量系数；

f——喷嘴断面积(mm^2)；

ε——水流断面收缩系数，与喷嘴形式有关。

对于圆形喷嘴出流量，按式(4.6)计算，即

$$q/(L\cdot s^{-1}) = 3.479\mu d^2\sqrt{10H}\times 10^{-3} = K\mu\sqrt{10H}\times 10^{-3} \quad (4.6)$$

式中 d——喷嘴内径(mm)；

K——系数，与喷嘴直径有关，其值见表4.16；

H——喷头入口处水压(kPa)；

μ——喷头流量系数。

2.直流喷头计算公式

$$v/(m\cdot s^{-1}) = 4.43\sqrt{10H} \quad (4.7)$$

$$q/(L\cdot s^{-1}) = K\sqrt{10H}\times 10^{-3} \quad (4.8)$$

$$S_B = \frac{10H}{1+10\alpha H} \quad (4.9)$$

$$\alpha = \frac{0.25}{d+(0.1d)^3} \quad (4.10)$$

$$\beta = \frac{S_B}{S_K} = 1.19 + 80\left(0.01\frac{S_B}{\beta}\right)^4 \quad (4.11)$$

$$l_1 = 10\left[\frac{1}{2}\sin 2\theta + \cos^2\theta\ln\left(\frac{1+\sin\theta}{\cos\theta}\right)\right]H = B_1H \quad (4.12)$$

$$l_2 = 20\cos\theta\sqrt{\frac{2}{3}(1-\cos^3\theta)H} = B_2H \quad (4.13)$$

$$L = l_1 + l_2 = 10B_0H \quad (4.14)$$

$$h = \frac{20}{3}(1-\cos^3\theta)H = B_3H \quad (4.15)$$

式中 S_B——垂直射流时射流总高度(m)；

α——系数，与喷嘴直径有关，可由表4.17查出；

S_K——垂直射流时密实射流高度(m)；

β——垂直射流时射流总高度与密实射流高度的比值，可由表4.18查出；

l_1——倾斜射流时射流轨迹升弧段水平投影长度(m)；

l_2——倾斜射流时射流轨迹降弧段水平投影长度(m)；

L——倾斜射流时水平射程(m);

H——喷头入口压力(kPa);

q——喷头出流量(L/s);

h——倾斜射流时射流轨迹最大高度(m);

θ——倾斜射流时喷嘴的仰角(°);

B_0、B_1、B_2、B_3——系数,与仰角有关,可由表4.19查出。表中数值是在$H \leqslant 20$ m由试验得出的,且未考虑喷嘴直径的影响,在为其他水压和直径时,应乘以表4.20所列的修正系数。

表4.16 *K*值

d/mm	K	d/mm	K	d/mm	K	d/mm	K
1	3.48	21	1 534.24	42	6 136.96	82	23 392.8
2	13.92	22	1 683.84	44	6 735.34	84	24 547.82
3	31.31	23	1 840.39	46	7 361.56	86	25 730.68
4	55.66	24	2 003.9	48	8 015.62	88	26 941.38
5	86.97	25	2 174.37	50	8 697.5	90	28 179.9
6	125.24	26	2 351.8	52	9 407.22	92	29 446.26
7	170.47	27	2 536.19	54	10 144.76	94	30 740.44
8	222.66	28	2 727.54	56	10 910.14	96	32 062.46
9	281.8	29	2 925.84	58	11 703.36	98	33 412.32
10	347.9	30	3 131.1	60	12 524.4	100	34 790
11	420.96	31	3 343.32	62	13 373.28	110	42 095.9
12	500.98	32	3 562.5	64	14 249.98	120	50 097.6
13	587.95	33	3 788.63	66	15 154.52	130	58 975.1
14	681.88	34	4 021.72	68	16 086.9	140	61 888.4
15	782.77	35	4 261.77	70	17 047.1	150	78 277.5
16	890.62	36	4 508.78	72	18 035.14	160	89 062.4
17	1005.43	37	4 762.75	74	19 051	170	100 543.1
18	1127.2	38	5 023.68	76	20 094.7	180	112 719.6
19	1255.92	39	5 291.56	78	21 166.24	190	125 591.9
20	1391.6	40	5 566.4	80	22 265.6	200	139 160

表 4.17 α 系数值

d/mm	α	d/mm	α	d/mm	α	d/mm	α
1	0.259 8	21	0.008 3	42	0.002 2	82	0.000 4
2	0.124 5	22	0.007 7	44	0.001 9	84	0.000 4
3	0.082 5	23	0.007 1	46	0.001 7	86	0.000 3
4	0.061 5	24	0.006 6	48	0.001 6	88	0.000 3
5	0.048 7	25	0.006 1	50	0.001 4	90	0.000 3
6	0.040 2	26	0.005 7	52	0.001 3	92	0.000 3
7	0.034 0	27	0.005 3	54	0.001 2	94	0.000 3
8	0.029 4	28	0.005 0	56	0.001 1	96	0.000 3
9	0.025 7	29	0.004 7	58	0.001 0	98	0.000 2
10	0.022 8	30	0.004 4	60	0.000 9	100	0.000 2
11	0.020 3	31	0.004 1	62	0.000 8	110	0.000 2
12	0.018 3	32	0.003 9	64	0.000 8	120	0.000 14
13	0.016 5	33	0.003 6	66	0.000 7	130	0.000 11
14	0.014 9	34	0.003 4	68	0.000 7	140	0.000 09
15	0.013 6	35	0.003 2	70	0.000 6	150	0.000 07
16	0.012 4	36	0.003 0	72	0.000 6	160	0.000 06
17	0.011 4	37	0.002 9	74	0.000 5	170	0.000 05
18	0.010 5	38	0.002 7	76	0.000 5	180	0.000 04
19	0.009 7	39	0.002 5	78	0.000 5	190	0.000 04
20	0.009 0	40	0.002 4	80	0.000 4	200	0.000 03

表 4.18 比值 β

S_B/m	β	S_B/m	β	S_B/m	β	S_B/m	β
		21	1.25	31	1.39	41	1.57
		22	1.26	32	1.40	42	1.59
		23	1.27	33	1.42	43	1.61
		24	1.28	34	1.44	44	1.63
≤10	1.19	25	1.30	35	1.46	45	1.65
11~13	1.20	26	1.31	36	1.47		
14~16	1.21	27	1.33	37	1.49		
17~18	1.22	28	1.34	38	1.51		
19	1.23	29	1.36	39	1.53		
20	1.24	30	1.37	40	1.55		

表 4.19 $B_{0\sim3}$值

θ°	B_0	B_1	B_2	B_3	θ°	B_0	B_1	B_2	B_3
10	0.680	0.339	0.341	0.030	55	1.532	0.688	0.844	0.540
15	0.985	0.489	0.496	0.066	60	1.362	0.598	0.764	0.583
20	1.250	0.617	0.633	0.113	65	1.161	0.497	0.664	0.616
25	1.467	0.719	0.748	0.170	70	0.938	0.391	0.547	0.640
30	1.633	0.796	0.837	0.234	75	0.704	0.285	0.419	0.655
35	1.727	0.829	0.898	0.300	80	0.468	0.185	0.283	0.663
40	1.763	0.835	0.928	0.431	85	0.229	0.089	0.142	0.666
45	1.740	0.812	0.928	0.431	90	0.000	0.000	0.000	0.667
50	1.661	0.761	0.900	0.489					

表 4.20 修正系数

H /m	d/mm				H /m	d/mm			
	20	30	37	48.5		20	30	37	48.5
10	1.00	1.00	1.00	1.00	40	0.68	0.83	0.92	0.99
20	0.94	0.97	0.98	1.00	60	0.56	0.72	0.82	0.91

3.缝隙喷头计算公式

(1)环形缝隙喷头流量

$$q/(\mathrm{L\cdot s^{-1}}) = 3.48(D_1^2 - D_2^2)\sqrt{10H} \times 10^{-3} \tag{4.16}$$

式中 q——喷头的流量(L/s);

D_1——环形缝隙喷头出口直径(mm);

D_2——环形缝隙喷头导杆直径(mm);

H——喷头入口处水压(kPa);

(2)管壁横向缝隙喷头

$$q/(\mathrm{L\cdot s^{-1}}) = 2.7D\theta b\sqrt{10H} \times 10^{-5} \tag{4.17}$$

$$\theta = (0.7 \sim 0.9)\theta' \tag{4.18}$$

式中 q——喷头的流量(L/s);

D——喷管内径(mm);

θ——喷出水膜的夹角(°),一般比喷头缝隙夹角小一些,而且夹角越小相差越大;

b——缝隙的宽度(mm),一般采用 5～10mm;

θ'——喷头缝隙夹角(°),一般采用60°～120°;

H——喷头入口处水压(kPa)。

(3)管壁纵向缝隙喷头流量

$$q/(\mathrm{L \cdot s^{-1}}) = 5.4R\theta b\sqrt{10H} \times 10^{-5} \tag{4.19}$$

式中 q——喷头的流量(L/s);

θ——喷出水膜的夹角(°),一般比喷头缝隙夹角小一些,而且夹角越小相差越大;

b——缝隙的宽度(mm),一般采用5～10mm;

R——管壁纵向缝隙的曲率半径(mm);

H——喷头前入口水压值(kPa)。

4.折射喷头

(1)环形折射喷头流量公式为

$$q/(\mathrm{L \cdot s^{-1}}) = (2.78 \sim 3.13)(D_1^2 - D_2^2)\sqrt{10H} \times 10^{-3} \tag{4.20}$$

式中 q——喷头的流量(L/s);

D_1——环形缝隙喷头出口直径(mm);

D_2——环形缝隙喷头导杆直径(mm);

H——喷头入口处水压(kPa);

(2)单向折射喷头流量公式为

$$q/(\mathrm{L \cdot s^{-1}}) = 1.74d^2\sqrt{10H} \times 10^{-3} \tag{4.21}$$

在$200 < \dfrac{H}{d} < 2\,000$范围内,单向折射喷头的射程$L$按式(4.22)计算,即

$$L/\mathrm{m} = \frac{10H}{0.43 + 0.014\dfrac{H}{d}} \tag{4.22}$$

式中 D_1——环向折射喷头出口直径(mm);

D_2——环向折射喷头导杆直径(mm);

d——单向折射喷头出口直径(mm);

H——喷头入口压力(kPa)。

5.离心喷头

流量和结构系数计算公式为

$$q/(\mathrm{L \cdot s^{-1}}) = Kr_c^2\sqrt{10H} \times 10^{-3} \tag{4.23}$$

$$A = \frac{lr_c}{r_0^2} \tag{4.24}$$

式中　q——喷头的流量(L/s)；

K——特性系数；

r_c——喷嘴半径(mm)；

r_0——进水口半径(mm)；

H——喷头入口压力(kPa)；

A——结构系数；

l——进水口与出水口中心距(mm)。

6.水雾喷头流量计算公式为

$$q/(\mathrm{L \cdot s^{-1}}) = 2.28mKd\sqrt{10H} \times 10^{-3} \tag{4.25}$$

式中　q——喷头的流量(L/s)；

K——特性系数，螺旋喷头为40～50，碰撞喷头为35～45；

d——喷嘴值径(mm)；

H——喷头入口处水压(kPa)；

m——喷嘴个数。

4.5　喷泉的辅助设施

4.5.1　喷泉水泵及选择

喷泉设计中为了达到预定的水型，必须确定与之相关的流量、管径、扬程等水力因子，进而选择相配套的水泵。

1.喷泉的水力计算

(1)喷头流量计算　按前面公式计算各喷头流量。

(2)各管段流量计算　某管段的流量，即为该管段上同时工作的所有喷头流量之和的最大值。

(3)总流量计算　喷泉的总流量，即为同时工作的所有管段流量之和的最大值。

(4)管径计算

$$D = (4Q/gv)^{-2} \tag{4.26}$$

式中 D——管径(mm)；

Q——管段流量(L/s)；

g——重力加速度(9.80 m/s^2)；

v——经济流速，常用 0.6～2.1 m/s，实际中，可适当选择稍大些的流速，常用 1.5 m/s 来确定管径。

(5)工作压力的确定　喷泉最大喷水高度确定后，压力即可确定。例如喷高 15 m 的喷头，工作压力应为 50 kPa(15 m 水柱)。

(6)总扬程计算　总扬程等于实际扬程与水头损失之和，而实际扬程等于工作压力加上吸水高度。水头损失是实际扬程与损失系数的乘积，由于水头损失计算较为复杂，实际工程当中粗略的可取实际扬程的 10%～30%。

2.水泵的选择

喷泉用水泵以离心泵和潜水泵最为普遍。单级悬臂式离心泵特点是依靠泵内的叶轮旋转所产生的离心力将水吸进并压出，它结构简单，使用方便，扬程选择范围大，应用广泛，常有 IS 型、DB 型。潜水泵使用方便，安装简单，不需要建筑泵房，主要型号有 QY 型、QD 型和 B 型。

(1)水泵性能　水泵要做到双满足，即流量满足、扬程满足，为此，先要了解水泵的性能，再结合喷泉水力计算结果，最后确定泵型。

通过铭牌能基本了解水泵的规格及主要性能，如图 4.27 所示。

①水泵型号。按流量、扬程、尺寸等给水泵编的型号，有新旧两种型号。

②水泵流量。指水泵在单位时间内的出水量，单位用 m^3/h 或 L/s 表示。

③水泵扬程。指水泵的总扬水高度。

④允许吸上真空高度。这是防止水泵在运行时产生汽蚀现象，通过实验而确定的吸水安全高度，其中已留有 0.3 m 的安全距离。该指标表明水泵的吸水能力，是水泵安装高度的依据。

(2)泵型的选择　通过流量和扬程两个主要因子选择水泵，方法如下：

①确定流量。按喷泉水力计算总流量。

②确定扬程。按喷泉水力计算总扬程。

③选择水泵。水泵的选择应依据所确定的总流量、总扬程，查水泵铭牌即可选定。如喷泉需用两个或两个以上水泵提水时(注：水泵并联，流量增加，压力不变；水泵串联，流量不变，压力增大)，用总流量除水泵数求出每台水泵流

图4.27 QY型潜水泵

量,再利用水泵性能表选泵。查表时,若遇到两种水泵都适用,应优先选择功率小、效率高、叶轮小、重量轻的型号。

4.5.2 喷泉管道及布置、控制方式

1.喷泉管道布置要点

喷泉管网主要由输水管、配水管、补给水管、溢水管和泄水管等组成。现将布置要点简述如下。

(1)管道地埋敷设　在小型喷泉中,管道可直接埋在土中。在大型喷泉中,如管道多而且复杂时,应将主要管道敷设在能通行人的渠道中,在喷泉的底座上设检查井。只有那些非主要的管道,才可直接敷设在结构物中,或置于水池内。

(2)环形十字供水网　为了使喷泉获得等高的射流,喷泉配水管网多采用环形十字供水。

(3)补水管的设置　由于喷水池内水的蒸发及在喷射过程中一部分水被风吹走等造成喷水池内水量的损失,因此,在水池中应设补给管,补水管和城市给水管连接。并在管上设浮球阀或液位继电器,随时补充水池水量的损失,以保持水位稳定。

(4)溢水管的设置　为防止因降雨使水池上涨造成溢流,在池内应设溢水管,直通城市雨水井,并应有不小于0.03的坡度,在溢水口外应设挡污栅。

(5)泄水管的设置　为了便于清洗和在不使用的季节,把池水全部放完,水池底部应设泄水管。其直通城市雨水井,也可以结合绿地喷灌或地面洒水,另行设计。

(6)管道坡度要求　在寒冷地区,为防止冬季冻害,所有管道均应有一定的坡度。一般不小于0.02,以便冬季将管内水全部排出。

(7)保持射流稳定　连接喷头的水管不能有急剧的变化,如果有变化,必须使水管管径逐渐由小变大,并且在喷头前必须有一段适当长度的直管。一般不小于喷头直径的20倍,以保持射流的稳定。

(8)调节设备的配套　对每个或每一组具有相同高度的射流,应有自己的调节设备。通常用阀门或整流圈来调节流量和水头。

2.喷泉的控制方式

(1)手动阀控制　这是最常见和最简单的控制方式,在喷泉的供水管上安装手控调节阀,用来调节各管段中水的压力和流量,形成固定的喷水姿态。

(2)继电器控制　通常利用时间继电器按照设计的时间程序控制水泵、电磁阀、彩色灯等的启闭,从而可以自动变换喷水姿态。

(3)音响控制　声控喷泉是用声音来控制喷泉喷水形态变化的一种自控泉,它一般由以下几部分组成。

①声－电转换、放大装置。通常是由电子线路或数字电路、计算机等组成。

②执行机构。通常使用电磁阀。

③动力。即水泵。

④其他设备。主要由管路、过滤器、喷头等组成。

声控喷泉的原理是将声音信号转变为电信号,经放大及其他一些处理,推动继电器或电子式开关,再去控制设在水路上的电磁阀的启闭,从而达到控制喷头水流动的通断。这样随着声音的变化人们可以看到喷水大小、高矮和形态的变化,把人们的听觉和视觉结合起来,使喷泉喷射的水花随着音乐优美的变化的旋律而翩翩起舞。因此,声控喷泉也被誉为“音乐喷泉”或“会跳舞的喷泉”。这种喷泉的形式很多。

4.5.3　喷泉泵房

泵房是指安装水泵等提水设备的专用构筑物,其空间较小,结构比较简单。水泵是否需要修建专用的泵房应根据需要而定。在喷泉工程中,凡采用清水离心泵循环供水的都应设置泵房,凡采用潜水泵循环供水的均不设置泵房。

1.泵房的作用

(1)传护水泵　泵房是用来给喷泉供水的,水泵应固定且不宜长期暴露于外,否则由于天长日久的风吹雨淋,容易生锈,影响运行。水泵固定在泵房内可防止泥砂、杂物等侵入水泵,从而影响转动和降低水泵寿命,甚至损坏水泵。

(2)安全需要　水泵多采用三相异步电动机驱动,电动机额定电压为380 V。因此,为了安全起见也应将水泵安装在泵房内。潜水泵虽不需设置泵房,但也要将控制开关设于室内,控制箱应安装在离地面1.6 m以上安全的地方。

(3)景观需要　喷泉周围环境讲究整洁明快,各种管线不得暴露。为此,应设置泵房或以其他方法掩饰,否则有碍观瞻。

(4)利于管理　在泵房内,各种设备可长期处于配套工作状态,便于操作和检修,给管理带来方便。

2.泵房的形式

泵房的形式根据泵房与地面的相对位置可分为地上式、地下式和半地下式3种。

(1)地上式泵房　是指泵房主体建在地面之上,同一般房屋建筑类似,多为砖混结构。因泵房建在喷泉附近,需占用一定面积,影响喷泉景观,故不宜单独设置。一般常与办公用房结合,便于管理。若需单独设置时,应控制体积,讲究造型和装饰,尽量与喷泉周围环境协调。地上式泵房具有结构简单、造价低、管理方便的优点,适用于中小型喷泉。

(2)地下式泵房　是指泵房主体建在地面之下,同地下室建筑类似,多为砖混结构或钢筋混凝土结构,需做防水处理,避免地下水浸入。由于泵房建在地下而不占用地上面积,故不影响喷泉景观。但结构复杂,造价高,管理操作不便。地下式泵房适用于大型喷泉。

(3)半地下式泵房　是指泵房主体建在地上与地下之间,兼具地上式和地下式二者的特点,不再重述。

3.泵房管线布置

(1)动力机械选择　目前,最常用的动力机械是电动机。电动机因其转速与水泵转速较为接近,且为直接传动,效率高,噪声小,管理操作方便,故障少,寿命长。一般水泵生产厂家都为水泵配套安装了电机,故可免去选购的烦恼。

(2)管线布置　为了保证喷泉安全可靠地运行,泵房内的各种管线应布置合理、调控有效、操作方便、易于管理。一般泵房管线系统布置中与水泵相连接的管道有吸水管和出水管。吸水管是指喷水池至水泵间的管道,其作用是将水从水池中吸入水泵,并设闸阀控制。出水管是指水泵至分水器之间的管道,设闸阀控制。为了防止喷水池中水倒流,需在出水管上闸阀后安装逆止阀,其作用是只允许水沿出水管正向流出,当水泵停止工作水沿出水管反向流回时,逆止阀自动关闭,防止倒流,以保持喷水池中水位。分水器的作用是将出水管的有压水分成几路(由设计确定),通过供水管送至喷水池中供喷水用。为了调节供水的水量和水压,应在每条供水管上安装闸阀控制。由于季节所限,当喷泉停止运行时,为了防止管道冻坏,需将供水管内存水排除。一般在泵房内供水管最低处设置回水管,接入泵房内下水池中排除,通过截止阀控制。

为了便于操作和管理,为喷水池补水的补水管(给水管)也可经过泵房截止阀控制。为了防止泵房内地面积水,应设置地漏排除积水。此外,泵房内还应设置供电及电气控制系统,保证水泵、灯具和音响的正常工作。

4.需要注意的几个问题

(1)水泵进、出水管管径的确定　水泵在运行时,其进、出口处流速较高,可达到3~4 m/s。由于管道的阻力与流速的平方成正比,流速越高,阻力越大。如果进、出水管的管径与水泵的口径相同,由于流速较高,势必造成较大的阻力,从而降低供水的稳定性。为此,应将进、出水管的管径加大,一般采用渐扩形式,以降低流速、减少阻力,使水流平稳。实践证明,进水管的流速不宜超过2.0 m/s,出水管的流速不宜超过3.0 m/s。

(2)水泵与进出管的过渡　当管径大于水泵口径时,需在进、出口处配置渐变管,使水泵与进出管有过渡连接。渐变管长度可视其大小头直径差确定,一般取差数的7倍可满足要求。

(3)泵房用电要注意安全　开关箱和控制板的安装应符合规定。地下式泵房,要注意机房排水和通风。泵房内应配备灭火器等灭火设备。

4.5.4　阀门井

1.给水阀门井

喷泉用水一般由自来水供给。当水源引入喷泉附近时,应在给水管道上设置给水阀门井。给水阀门井内安装截止阀控制，根据给水需要，可随时开启和关闭，便于操作。

给水阀门井一般为砖砌圆形，由井底、井身和井盖组成。井底一般采用C_{10}混凝土垫层，井底内径不小于 1.2 m(考虑下人操作)；井身采用 100 # 红砖 M5.0 水泥砂浆砌筑，井深不小于 1.8 m(考虑人员站立高度)，井壁应逐渐向上收拢，且一侧应为直壁，便于设置铁爬梯上下。有地下水浸入时，应做防水处理。井口圆形，直径为 600 mm 或 700 mm。井盖采用成品铸铁井盖(含井座)。

2.排水阀门井

排水阀门井的作用是连接由水池引出的泄水管和溢水管在井内交汇，然后再排入下水管网。为了便于控制，在泄水管道上应安装闸阀，溢水管应接于阀后，确保溢水管排水通畅。

4.5.5　喷水的自控设备

作为喷泉喷水的自控设备，一般由电磁阀来完成。电磁阀是由电信号来控制管路通断的阀门。作为喷泉喷水的自控装置，首先选用电磁阀来实现。当电磁阀接受了控制设备所发出的脉冲信号指令后，它就能自动启闭。因此，它能控制管路的通断。

电磁阀的种类很多，广泛应用于各种自动控制系统中。这里以 ZCT—A 系列(旧型号 DFl 系列)为例，作一简单介绍。这种电磁阀是由电磁铁、阀盖、先导口、节流口、橡胶膜片和阀体等组成。其构造如图 4.28 所示。

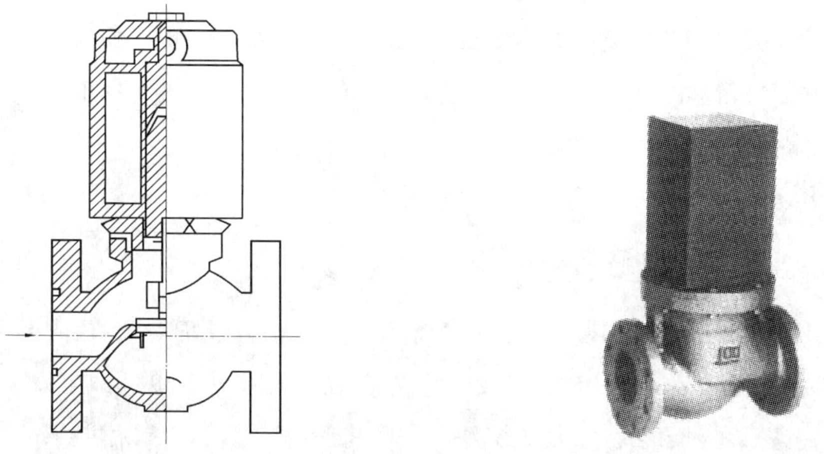

图 4.28　电磁阀构造及实物图

电磁阀工作原理如下:电磁阀在断电时处于关闭状态,此时靠作用在橡胶膜上腔的工作介质的压力,使阀体保持良好的密封。当线圈充电后,即形成磁场,在磁力的作用下,吸起铁芯,打开先导阀门。由于进口端的节流,及节流孔小于先导阀口,使上部压力减小,造成压差,这时将主阀口放开,形成通路。断电时铁芯在弹簧的作用下,又自行复位,将阀口关闭。这样电磁阀控制了水路的开闭,从而使各组喷头按照设计师预先编排的程序,喷射出各种奇异的水花。

在使用电磁阀时,应注意以下几个问题:

(1)电磁阀应沿水平方向垂直安装。安装时要注意使阀体上的箭头方向与介质的流向一致。

(2)为了保证电磁阀的动作可靠,最好在阀的管路上安装旁路装置(图4.29)。

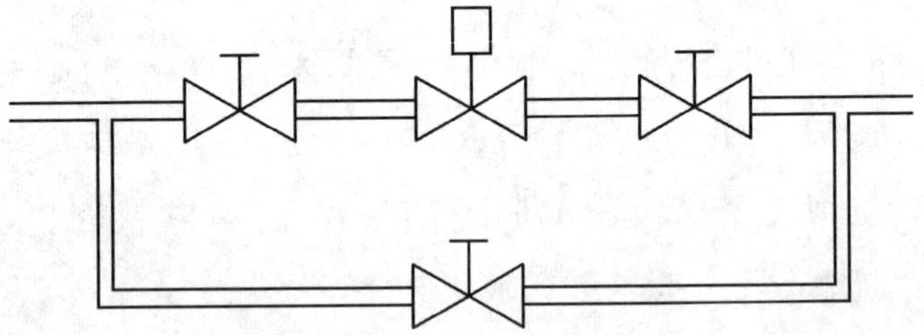

图 4.29　电磁阀的旁路装置

(3)电磁阀应安装在环境温度大于 60℃、相对湿度低于 85%的场所。因此,自控喷泉的水泵房应特别注意地面排水和房内通风,以保持室内的干燥。

(4)为了避免管道系统内的杂质进入电磁阀内部,应在阀前安装一个过滤器,否则不能保证电磁阀的密封及其动作的可靠性。选用电磁阀时,应根据喷泉管道的公称通径、电源电压、工作压力等进行选择。

另外,也可以选择气动阀来控制管路的开闭。

4.5.6　喷水的过滤装置

在使用循环供水的喷泉中,为了清除污物、藻类及泥砂等,在喷水系统中,应设置过滤装置,以保证池水的清洁,并为电磁阀、喷头等的可靠工作创造一个良好的环境。在喷泉的过滤系统中,一般应包括设在水泵底阀外的过滤网和装在水泵进水口前的除污器。在一些特殊的场合,还可设水的净化、消毒等装置。现将常用的过滤装置介绍如下。

1.网式过滤器

网式过滤器是一种最简单有效、使用广泛的过滤装置，其构造如图4.30所示。这种过滤器的外壳和过滤网都是圆柱形，滤网共有两层，由塑料或铜做成。各孔眼的大小和它的总面积决定了它的效率和使用条件。一般地说，滤网每平方厘米面积上的孔数不少于30个，有效过滤面积（过滤孔的总面积）不小于进水管断面的2.5倍。这种过滤器对除去水中极细的泥砂是有效的，但很容易被水中的藻类或其他有机质堵塞。因此，需要定期进行冲洗。或者当水流通过过滤器时，水的压力降低为2 m，也应进行冲洗。冲洗的方式可以用人工清洗或用自动冲洗装置。

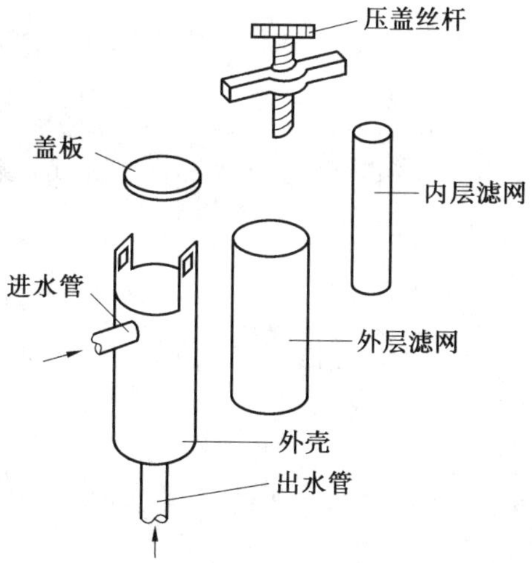

图4.30　网式过滤器

2.砾料层式过滤器

当水质中含有泥砂时，用网式过滤器很容易淤塞，这时用砾料层式过滤器较为合适。在喷泉系统中选用的过滤器的大小与喷泉的喷水量有关。这种过滤器的外壳是一个金属罐，在盖顶上有调压阀，罐内有滤网、滤料等。水由上部注入，过滤后由罐底阀门流出。为了防止微生物、病菌等侵入，还可在过滤的同时，加放一些消毒的药品，以保证水质的卫生。砾料层式过滤器的构造如图4.31所示。

这种过滤器的面积，按照喷水池面积的大小而定，一般在100 m^2水池面积，要有0.3～0.4 m^2的过滤器面积。而高速过滤器每100 m^2的喷水池面积，

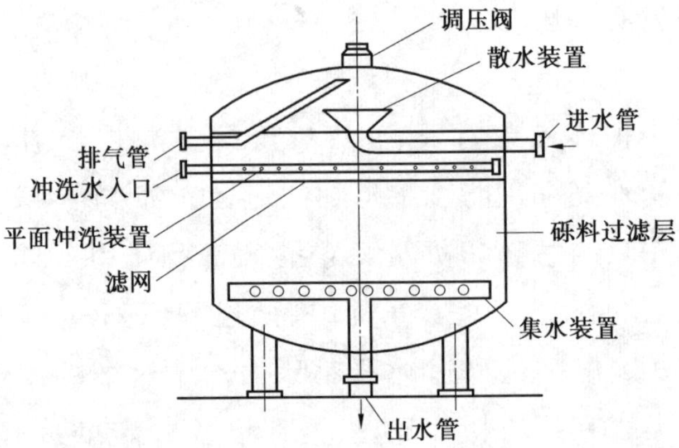

图 4.31　砾料层式过滤器

能过滤的水量约为 15 m^2/h 左右。

关于药品的投放，要注意观察水质的变化情况，定期取样化验。一般要求水的 pH 值为中性(6.8～7.0 之间)，如碱性过高易生青苔，如酸性过高，则易腐蚀管路系统的各种设备。因此应根据水质情况，适量地加入药品，如次氯酸钠溶液等，以防止水中微生物的滋长，保持水的卫生。

3.沉砂池

如果喷泉用水的水质较差，为排除大量泥砂，可在喷水池附近设地下沉砂池，使经过沉淀后的清水再供喷泉使用。

4.5.7　喷水池水位的自控装置

在喷水池内，由于蒸发和在喷水的过程中，一部分水被风吹出池外等原因，使喷水池内的水不断地减少、故应设置补充供水的设备。在一般喷水池中将供水管引入水池、设闸阀，根据需要由人工控制补充给水。在自控喷泉中，可采用浮球阀或液位继电器，自动补充供水，以保持喷水池水位的稳定。

1.浮球阀

浮球阀是喷泉、屋顶水箱、蓄水池等供水管路中常用的一种阀门，是依靠水位变化而自动控制管路水流的开关。它由浮球、阀杆、阀体、胶皮柱塞等组成，其构造详见图 4.32。其工作原理是，当水位下降到设计低水位线时，浮球靠自重下落，打开水路。这时水池的水位上升，对浮球产生浮托力，靠阀杆的杠杆作用，将力放大并转给胶皮柱塞，当水位上升到设计要求的水位时，胶皮柱塞刚好将管路封闭，停止供水。这种规格阀门的管径为 15～100 mm。当管径增大时，要求有相当大的推力才能使管路封闭，因此不得不延长阀杆。为了不影响景观效果，在喷水池中使用这种阀门时，应将其安装在隐蔽的地方。

另外，只有当阀前管路的水压力小于浮球的柱塞压力时，方能保持自闭。因此，不能过分信赖它的自闭性能。

2.液位继电器

继电器是自动控制电路中经常使用的一种器件。现在继电器的种类、规格已有一百万种以上，专门用在自动控制方面的继电器大约有二十多万种。在喷水池中使用的液水继电器，其工作原理是利用被控水面高度的变化，驱动感受元件使继电器的触头开启或闭合，以完成电路的通断，再指示电磁阀来实现水位的定值控制。其构造如图4.33所示。

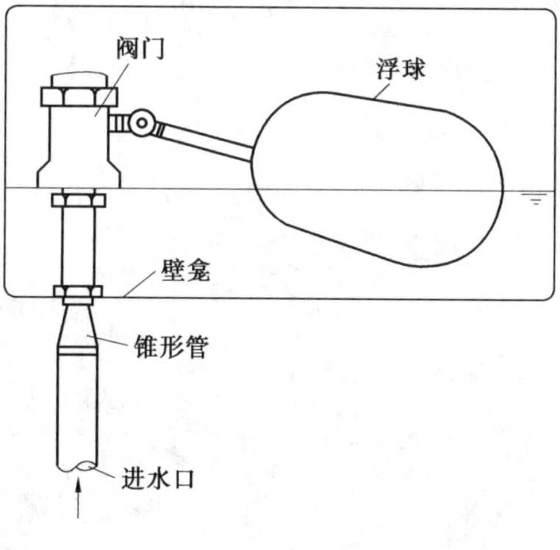

图4.32 浮球阀示意图

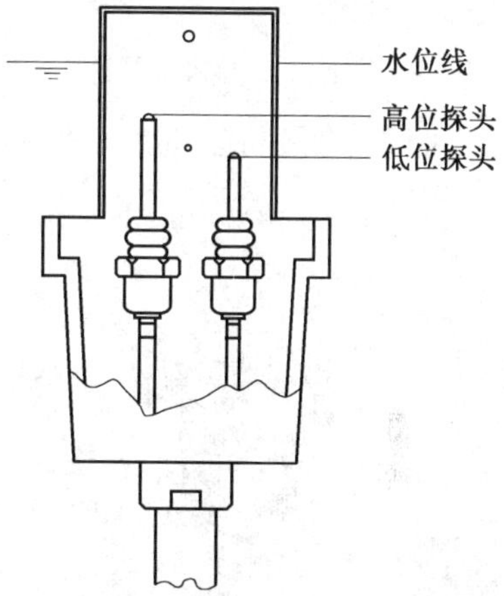

图4.33 液位继电器示意图

4.5.8 彩色喷泉的灯光设置

1.喷泉照明的特点、种类

(1)喷泉照明的特点

喷泉照明与一般照明不同。一般照明是要在夜间创造一个明亮的环境，而喷泉照明则是要突出水花的各种风姿。因此，它要求有比周围环境更高的亮度，而被照明的物体又是一种无色透明的水，这就要利用灯具的各种不同的光分布和构图，形成特有的艺术效果，形成开朗、明快的气氛，供人们观赏。

(2)喷泉照明的种类

①固定照明。如日内瓦莱蒙湖上那耸入云天的145 m高的大喷泉，就是

在距喷水口 20 m 处,装设了一台巨型探照灯,形成银色水柱直刺暮空,景色十分壮观。

②闪光照明和调光照明。这是由几种彩色照明灯组成的,它可通过闪光或使灯光慢慢地变化亮度以求得适应喷泉的色彩变化。

③水上照明与水下照明。水上照明和水下照明,各有优缺点。大型喷泉往往是两者并用,水下照明可以欣赏水面波纹,并且由于光是由喷水下面照射的,因此当水花下落时,可以映出闪烁的光。

2.喷泉照明的手法

为了既能保证喷泉照明取得华丽的艺术效果,又能防止对观众产生炫目,布光是非常重要的。

照明灯具的位置,一般是在水面以下 5 ~ 10 cm 处。在喷嘴的附近,以喷水前的高度 1/5 ~ 1/4 以上的水柱为照射的目标;或以喷泉下落到水面稍上的部位为照射的目标。这时如果喷泉周围的构筑物、树丛等的背景是暗色的,则喷泉水的飞花下落的轮廓,就会被照射得清清楚楚(图 4.34)。

图 4.34　喷头旁照明设备

4.6　喷泉水景实例分析

深圳市会议展览中心集展览、会议、商务于一体,是一座大型现代化、智能化的深圳最大单体建筑,总投资 30 亿。其中心广场水景设计气势磅礴,感官宏大(图 4.35)。整个概念设计由德国 GMP 建筑师和工程师公司提供,施工设计由中国建筑东北设计研究院完成。该水景设计中体现了不同设计理念间的差异。

图4.35 深圳市会议展览中心

4.6.1 概念设计

中心广场由大理石铺装而成;以中心轴为对称,每边有4个喷泉水池,3个阶梯瀑布,1个旱喷,1个大瀑布;图4.36为平面布置图。

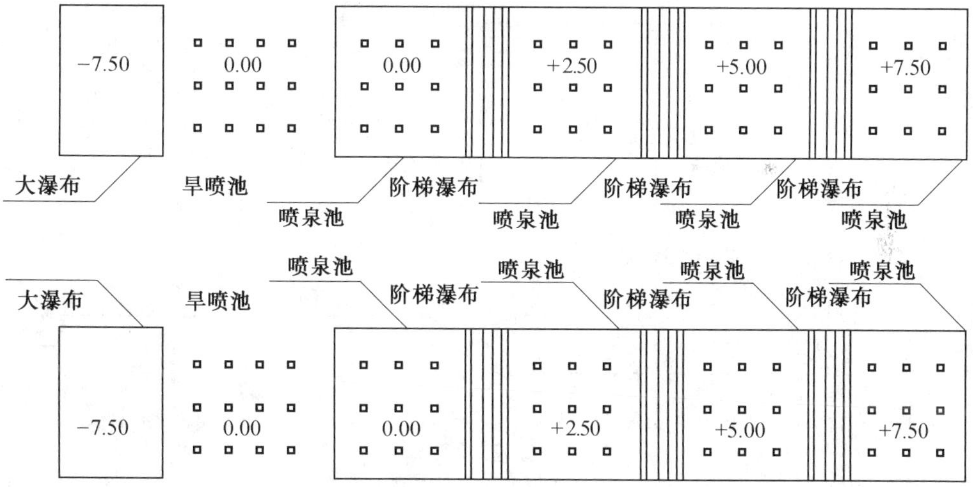

图4.36 中心广场平面布置图

1.喷泉水池

每个水池中有9个1.5 m×1.5 m×0.5 m不锈钢盆,间距6 m,每个盆设1~2个喷头,喷水形成直径10~12 cm、高0~7.5 m的水柱;水柱以自动化程序控制形成无极变化。平面布置见图4.37。不锈钢盆上铺4块大理石(0.75 m×0.75 m),每块大理石镶嵌1盏水下彩灯,灯色不一,可控制形成变化。不锈钢盆布置见图4.38。

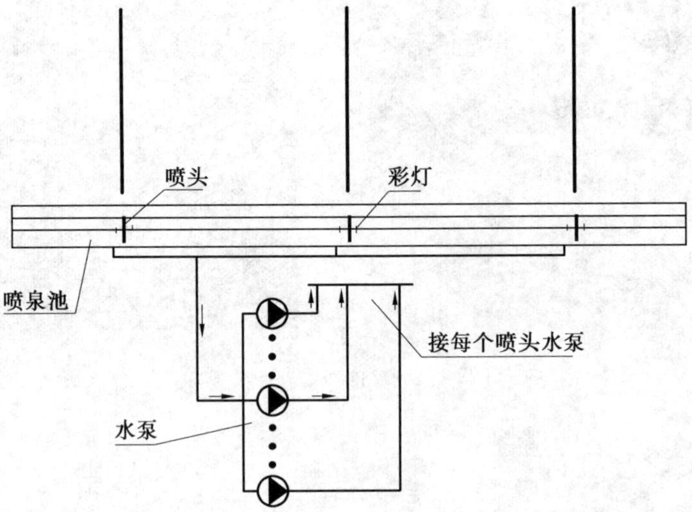

图 4.37　喷泉水池平面布置图

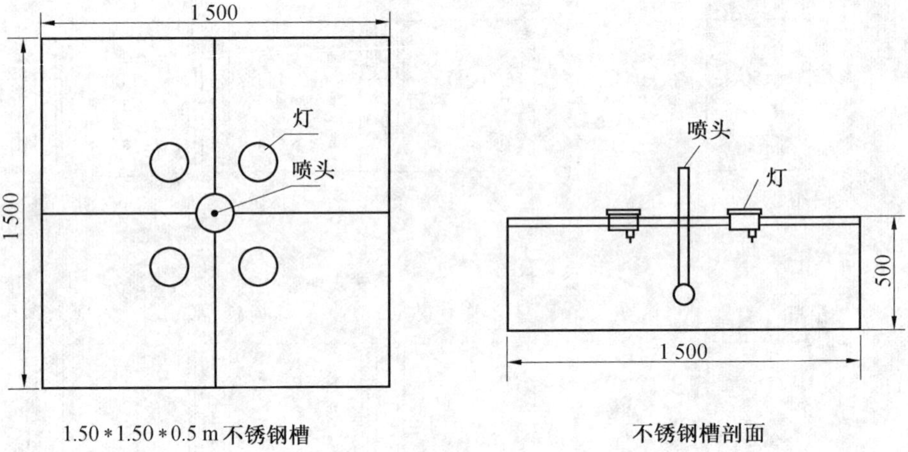

图 4.38　不锈钢槽图

2.阶梯瀑布

瀑布长 18 m,沿 15 个台阶(每阶高 156 mm)顺流下跌,水厚 2 cm,设壁灯辉映水体,剖面布置见图 4.39。

3.旱喷

每个水池中有 12 个 1.5 m×1.5 m×0.5 m 的不锈钢盆,其余要求同喷泉水池。

4.大瀑布

大瀑布长 18 m,跌水高度 7.5 m,形成滔天气势。配以水下灯及侧壁投射

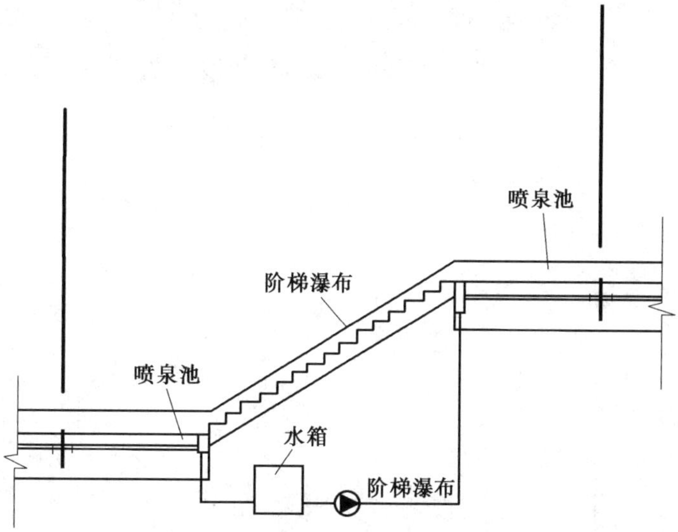

图 4.39 阶梯瀑布剖面布置图

灯,形成浑然一体的感觉。配电 360 kW。剖面布置见图 4.40。

概念设计布局映射会展中心的磅礴气势,其以人为本的人文合一的思想强调景物与人结合,形成景物与人相融一体的自然感。传统的欧洲理念可谓跃然纸上,然而一个小水泵变频控制一个喷头的做法,虽然稳定可靠,但却是国内投资与物业管理很难做到的。

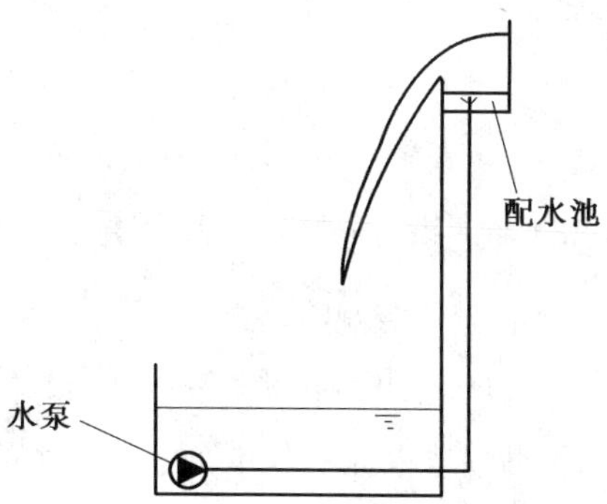

图 4.40 瀑布剖面图

4.6.2 国内流行设计

按照现在国内比较成熟、流行的做法,在每个喷水区的下一阶喷泉池设置潜水泵供喷头喷水,水从水池沿阶梯流下,回到喷泉池形成循环。然后接入 380 V 电源供应水泵与水下灯。此种设计施工简单,造价低廉,但强电与水体相连,可能会产生瞬时漏电,存在完全隐患。由于此种设计造价低廉,在我国还不是很富裕的情况下,作为人不参与的概念设计是满意的。局部剖面布置见图4.41。

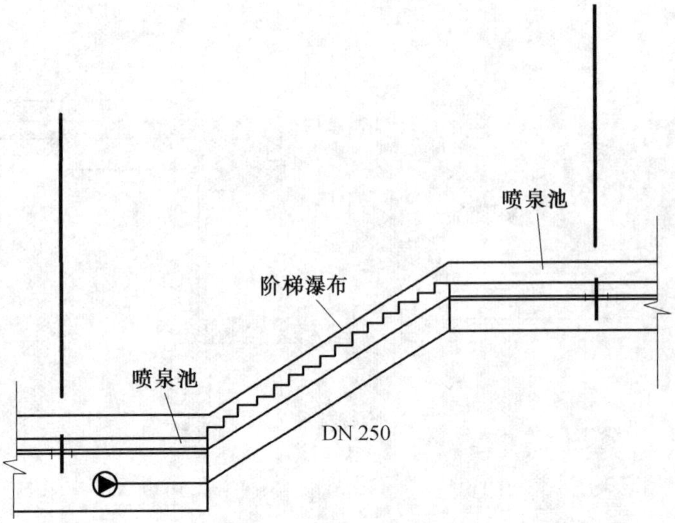

图4.41 局部剖面布置图

4.6.3 设计者设计

以概念设计思想为根据,进行以下设计。

1.喷泉区

要求形成直径10~12 cm、高0~7.5 m的水柱,且使水柱保持水形不散落,保证壮观的气势;选择DN50集束喷头,水盘直径16 cm,水量40 m^3/h,水头损失20 m(含喷头损失、空气阻力损失,技术参数参阅博李公司DN50集束喷头技术参数;由于喷头没有统一的标准,各个厂家生产的喷头规格差异较大,因此《建筑给排水设计手册》中提供的参数仅能为做参考)。

每个水池水泵水量为

$$Q_1/(m^3\cdot h^{-1}) = 40\times 9 = 360$$

水泵出水管选择DN200(v = 2.0 m/s),喷头配水管口径DN150(为确保水流分配均匀)。水泵扬程 H = 管道损失 + h + 高差 = 30 m和35 m;

由于每个水池本身相当于蓄水池,因此不设水箱,直接从水池抽水再送回水池,水泵回水管管径(校核回流时间后)选DN300和DN350(根据管线长短进行区别)。

2.阶梯瀑布

为满足人文合一的思想，使水景成为短暂嬉戏的场所，所有水泵使用管道泵，将水泵设置在机房，并采用低压水下灯，变压器置于池外，使所有强电与水完全分离。

将水泵设置在机房，就使得阶梯瀑布需要设置水箱来作为蓄水空间。阶梯瀑布长 18 m，沿 15 个台阶（每阶高 156 mm）顺流下跌，水厚 2 cm，由于这一边界条件，满足矩形堰模型；因此阶梯瀑布泵水量为

$$Q/(m^2 \cdot h^{-1}) = 18 \times 3.6 \times C \times H_0^{3/2} = 18 \times 3.6 \times 1992.9 \times 0.02^{3/2} = 365$$

水泵出水管选择 DN200（$v = 2.0$ m/s），水泵回水管管径（校核回流时间后）选 DN300 和 DN350。

水泵扬程 H/m = 管道损失 + 高差 = 12。

水箱体积：V = 自水泵抽水到水回到水箱所需时间 × 水泵流量 + 太阳蒸发量 + 3 m^3（水箱余量）= 25 和 30 m^3。（作者不赞成《手册》提出的水箱体积 $V = Q \times (10\% \sim 15\%)$，因为这样计算不符合水景水体循环的实际情况）

水箱的设置使得回水管上必须设置电动阀门。

由于 a. 回水管与水池相通，当下雨时，按深圳最大暴雨强度 260 mm 计算，每小时将有 30 m^3 雨水随回水管路汇入水箱，且水箱不可能设置 DN300 溢流管以及排水干管 DN50，无法及时排除雨水；b. 正常工作时，水泵自水箱抽水，补水管即开始补水，以弥补太阳蒸发，但是很快便会达到饱和水位，形成动态平衡。当关泵时，水就会随回水管汇入水箱，如水箱剩余空间不够或不能及时排水，水箱有可能被淹掉。因此设置电动阀，泵开阀开，泵关阀关。

选择低压水下灯（24 V），由于每个水池中每个喷头的间距为 6 m，为使每个灯的亮度一致，从变压器至每个灯的电缆长度相同；由于没有真正的水下变压器（国内多使用在变压器内灌注变压器油，作为防水变压器），为避免瞬间漏电的可能性，将变压器置于水池外（《规范》允许小于 0.1 s 内，漏电 15 mA；一般人体当有 40 mA 左右电流通过心脏时，人将触电身亡），这样符合人文合一的概念。由于变压器置于池外，则有大量的电缆要穿越水池，防水好坏便成了巨大隐患。为解决此问题，先将穿线预埋套管和穿线管之间按照《规范》填堵，并在线管口做异径管灌注石蜡，确保每根电缆之间石蜡分布均匀，电缆总面积为异径管大头口面积的 1/4 左右，达到防水要求。

3.旱喷区

旱喷区域与喷泉相同,只是旱喷区域无蓄水空间,在地下设置机房并设水箱。上水管 DN250,下水管 DN350。为保证水喷出之后能够迅速回流及水不散失,在喷泉区周围做一圈回水沟,以免水散失致使水箱补水不及时,水泵无水可抽。

4.大瀑布

大瀑布长 18 m,跌水高度 7.5 m,为形成滔天气势,配置水量 1 000 m^3/h,达到 55 m^3/(h·m),设置 4 台 260 m^3/h、H = 15 m 的潜水泵。为便于配水及分流,采用 4 根 DN200 管道为瀑布供水。

4.6.4 实际设计

遵循以人为本的思想,强电与水分离。

1.喷泉区

为形成高 0 ~ 7.5 m 的水柱,选择 DN50 掺气喷头,出水口直径 18 mm,水量 Q = 14 m^3/h,水头损失 h = 14 m(含喷头损失;整个技术参数参阅怡晟公司 DN50 掺气喷头技术参数),每个水池水泵水量为 14 × 9 = 126 m^3/h,则水泵出水管选择 DN100(v = 2.0 m/s),喷头配水管口径 DN100(为确保水流分配均匀)。水泵扬程 H/m = 管道损失 + h + 高差 = 24;直接从水池抽水再送回水池,水泵回水管管径(校核回流时间后)选 DN150;由于水量配置较小,工程完工后只形成直径 2 ~ 3 cm 的水柱,喷高在 5.5 ~ 7.5 m 之间,可以说是喷而无势,动而无态。

2.阶梯瀑布

泵水量配置为 180 m^3/h;水泵出水管选择 DN150(v = 2.0 m/s),水泵回水管选 DN200;水泵扬程 H/m = 管道损失 + 高差 = 17。

由于水量配置较小,工程完工后水厚只有 5 mm,流而无形,跌而无势。

水箱体积 V = 10 m^3(自水泵抽水到水回到水箱所需时间 × 水泵流量 + 太阳蒸发量)。

3.旱喷区

旱喷区域与喷泉相同。由于未在喷泉区周围做一圈回水沟,致使水喷出之后大部分散失,水箱 DN50 补水管补水不足,水泵很快无水可抽,被迫将喷水高度由 7.5 m 降到 0.3 ~ 1.5 m。

4.大瀑布

配置水量 1 000 m^3/h;采用4根DN200管道为瀑布供水,见表4.21。

表4.21 四种设计分析表

	景观效果	景观气势	安全级别	造价/万	耗电量/kw	性价比
概念设计	喷高7.5 m	宏大壮观 水柱饱满	人文合一 不会漏电	300	720	差
设计者设计	喷高7.5 m	宏大壮观 水柱饱满	人文合一 可能漏电	80	360	好
国内流行设计	喷高7.5 m	宏大壮观 水柱饱满	人文合一 不会漏电	280	660	好
实际设计	喷高 5.5~7.5m	宏大壮观 水柱汽化	人文合一 不会漏电	240	410	差

注:1.以国产衬塑钢管作为计价基础。

2.概念设计的造价为招标预算价,最初预算价为800万,耗电量为GMP公司依据德国设备配置的电量。

第5章 水景水质与水处理技术

5.1 水景的水质要求与保障措施

5.1.1 水景的水质要求

水景工程水源、充水、补水的水质，根据其不同功能应符合下列规定：

(1)人体非全身性接触的娱乐性景观环境用水水质，应符合国家标准《地表水环境质量标准》GB3838—2002 中规定的Ⅳ类标准。

(2)人体非直接接触的观赏性景观环境用水水质应符合国家标准《地表水环境质量标准》GB3838—2002 中规定的Ⅴ类标准。

(3)高压人工造雾系统水源水质应符合现行国家标准《生活饮用水卫生标准》GB5749—2006 或《地表水环境质量标准》GB3838—2002 规定。

(4)高压人工造雾设备的出水水质应符合国家标准《生活饮用水卫生标准》GB5749—2006 的规定。

(5)旱泉、水旱泉的出水水质应符合现行国家标准《生活饮用水卫生标准》GB5749—2006 的规定。

(6)在水资源匮乏地区，如采用再生水作为初次充水或补水水源，其水质不应低于现行国家标准《城市污水再生利用　景观环境用水水质》GB/T18921—2002 的规定。

北京奥运期间所建的奥运公园是从北小河污水处理厂取景观用水，北小河污水处理厂是北京市第一座二级污水处理厂，于 1990 年竣工并投入运行，日处理污水 4 万 m^3，承担着亚运村及北苑一带 30 km^2 流域范围的污水收集和处理工作。改扩建工程完成后，北小河污水处理厂日处理达到 10 万 m^3 的能力。北小河再生水厂采用国际上最先进的膜处理技术，使其出水水质可以达到高级景观用水，甚至饮用水的标准。图 5.1 为再生水被输送到规划中的奥运公园。北京城市污水经清河再生水厂处理后(图 5.2，图 5.3)，被输送到奥运主体育馆鸟巢前的人工湖(图5.4)。

图5.1　奥运公园正在注入再生水

图5.2　清河再生水厂污水池

图5.3　经过超滤膜的水

图5.4　鸟巢前的人工湖采用了再生水

当水景工程的水体水质不能达到上述规定的水质标准时,应进行水质净化处理。

5.1.2　水质的保障措施和水质处理方法

水质的保障措施和水质处理方法应符合下列规定:

(1)水质保障措施和水质处理方法的选择应经技术经济比较确定。

(2)宜利用天然或人工河道,且应使水体流动。

(3)宜通过设置喷泉、瀑布、跌水等措施增加水体溶解氧。

(4)可因地制宜采取生态修复工程净化水质。

(5)应采取抑制水体中菌类生长、防止水体藻类滋生的措施。

(6)容积不大于500 m^3 的景观水体宜采用物理化学处理方法,如混凝沉淀、过滤、加药气浮和消毒等。

(7)容积大于500 m^3 的景观水体宜采用生态生化处理方法,如生物接触氧化、人工湿地等。

5.2 水景水质存在的问题及原因

5.2.1 水景水质存在的问题

人工建造的河道、湖泊不断涌现在城市公园、大型公建及住宅小区内，蓝天白云、碧波涟漪、小桥瀑布、人造沙滩、亭台琼阁相映成趣，令人神往，而这一切离不开景观水体的水质。目前大多数水景水质存在这样那样的问题，划分起来主要表现在两个方面：水景设计时存在的问题和治理方面的问题。

1.水景设计时存在的问题

目前水景设计时对水质要求的问题，主要是设计与治理缺少同步考虑，这方面问题主要是由于专业不同造成的。设计公司设计时一般只考虑景观手法和文化表现，没有考虑水质治理问题，而水质治理的问题是由环境保护专业进行解决。

2.水景治理方面的问题

水景治理维护需要用许多心思，水景若不进行治理与养护，即会变成混水和污水，也可能对景观本身产生极为不利的影响。

大多数景观水体（如人工湖、人工池塘等），由于没有按自然水理设计，大多是基本封闭的系统，几无自净能力。而且大多数景观水体内部组构不合理，加上外来物质输入，随着时间的推移必将产生富营养化，最终使得水体变得浑浊不堪，后果严重者甚至会导致水体发黑、变臭，严重影响景观水体的美观。图 5.5～5.10 为受污染的人工湖及小溪水体。

图 5.5 水体已污染的水池

图 5.6 藻类滋生的人工湖

图 5.7　绿藻水与纯净水对比

图 5.8　被污染了的小溪

图 5.9　水质变坏人们无心欣赏

图 5.10　水体发黑的人工湖

5.2.2　污染物主要来源

作为人工景观水体,其污染物主要来源于区域内排放的生活污水、雨水、生活垃圾、建筑垃圾及其渗滤液、漂浮物和施工尘土等。尤其是生活污水中含有大量的有机污染物及氮、磷等植物营养物,植物营养物进入天然水体后将恶化水体水质,加速水体的富营养化过程,影响水面的利用。

5.2.3　水景水质变坏的主要原因

大量的研究成果表明,景观水体(特别是封闭水体)中的有机物是引起富营养化的罪魁祸首,富营养化主要表现为藻类过量繁殖,是导致水体变黑变臭的根本原因。

藻类是一种低等植物,其种类繁多,主要有蓝藻、绿藻、硅藻、褐藻和金藻等。藻类一般是无机营养的,其细胞内含有叶绿素及其他辅助色素,能进行光合作用。在有光照时,能利用光能吸收二氧化碳合成细胞物质。蓝藻是单细胞或丝状的群体，其细胞内除含有叶绿素等色素外，还含有多量的蓝藻素，因此藻体呈蓝绿色，有时带黄褐色甚至红色。在水池湖泊中生长旺盛时，能使水色变成蓝或其他颜色，并同时发出草腥气味或霉味。

除病原微生物之外，其他微生物对水质的影响主要表现在物理性质方面，当它们大量繁殖时会使水发生浑浊，呈现颜色或发出不良气味。这类微生物包括藻类、原生动物等，其中以藻类更为重要。这是因为一般湖泊水中所含有机物往往较少，却含有足够的无机养料，可供自养型的藻类很好地利用。

绿藻是单细胞或多细胞的绿色植物，有的个体较大，如水绵、水网藻等，有些则很小，必须用显微镜才能看到，如小球藻等。其细胞中的色素以叶绿素为主，大部分种类适合在微碱性环境中生长，并在春夏之交和秋季生长得最旺盛，并产生鱼腥味。

5.3 水景水质处理技术

人造景观水体多为近于封闭的静止或缓流水体，具有水域面积小、与人居环境联系紧密、易受污染、水环境容量小、水体自净能力低等特点，加上生活污水、工业污水和地表径流的注入，使得水中污染物增加，尤其是氮、磷营养元素积累，温度较高时极易造成水体富营养化，甚至爆发水华，严重影响水体生态和周围环境。

对于以富营养化为主要特征的景观水体的治理，主要是去除藻类和氮、磷营养元素，改善水体生态。当前景观水体治理技术可归结为以下几类。

5.3.1 物理和化学法

物理、化学方法具有见效快、易于操作的优点，特别适用于中、小型景观水体的处理。

1.引水换水

当水体中的悬浮物(如泥、沙)增多时，水体的透明度下降，水质发浑，可以通过周期性的引水、换水，稀释水中营养盐和有机物浓度，以此来降低杂质的浓度，防止藻类疯长，改善水质。我国的西湖引水工程日取水 30 万 m^3，定期将钱塘江水引入西湖，在一定程度上控制了西湖水体恶化的趋势。但是使用这种方法必须有充足的干净水源作保证，成本较高，而水资源在我国是相当的匮乏，势必要浪费宝贵的水资源。

2.水体曝气充氧

水体曝气充氧是利用自然跌水(瀑布、喷泉等)或人工曝气对水体复氧，促进上下层水体的混合，使水体保持好氧状态，抑制底泥氮、磷的释放，防止水体黑臭。曝气充氧动力能耗高，且难以实现根本的脱氮除磷，因此只能作为辅助治理手段。

3.底泥疏浚

底泥疏浚是解决内源污染的重要措施，通过底泥的疏挖去除沉积物中的营养盐和其他污染物，减少其向水体的释放。美国、日本、瑞典等国都进行过底泥疏浚的试验研究和工程实践。杭州西湖经两次大规模疏浚后，与富营养化相关的主要指标均有不同程度的改善，浮游动物种类增加，浮游植物生物量和蓝藻比例均有所降低。底泥疏浚的缺点在于工程量较大，效果难以持久，可能破坏原有的底栖生物群落，挖出的污泥易造成二次污染。

4.底泥原位处理

底泥原位处理包括底泥封闭、底泥钝化技术，主要是用塑料薄膜、颗粒材料覆盖底泥，或者往水体投加铝盐、石灰等钝化剂，阻隔、抑制底泥中氮、磷营养元素和重金属的释放，从而降低水体中营养盐浓度。德国的 Dagow 湖和 Globsow 湖用硝酸盐和铁复合物进行底泥处理试验，处理前磷释放量 4 ~ 6 mg/($m^2 \cdot d$)，处理后几乎无释放。底泥原位处理技术容易对水底的生态系统造成破坏，难以保证效果的持久性，受风浪及水流扰动影响较大，工程应用不多。

5.机械除藻

机械除藻是利用捞藻船、吸藻泵等机械设备捕捞水面上的藻类，间接去除水体氮、磷营养盐。中科院水生生物研究所于 2001 ~ 2002 年对滇池水华蓝藻进行机械清除，共清除蓝藻 360.83 t(干重)，相当于从水体中去除了氮 37.33 t、磷 2.71 t、有机质 200.32 t，水体中的重金属也被部分去除。机械除藻技术的优点是能够快速应付藻类的大面积爆发，操作简单，没有负面效应，但只是一种应急补救措施。

6.混凝沉淀

混凝沉淀具有投资少、工艺简单、操作管理方便等优点，可用于含有大量悬浮物、藻类的水的处理。混凝沉淀药剂消耗量和产生的污泥量大，处理效果也有待提高。

7.加药气浮

气浮技术是利用高度分散的微气泡与水中悬浮颗粒黏附,使其随气泡浮升到水面,从而加以分离去除,适当加入混凝药剂可显著改善气浮效果。藻类密度较小,絮凝后絮核轻飘,且粘附气泡性能良好,因而相比沉淀技术,气浮法处理富营养化水体更具优势。早先的气浮工艺存在附属设备多、工艺复杂、能耗大等缺点。近年来,随着微气泡发生装置的改进、自动化程度的提高和气浮设备的集成化、成套化,气浮技术逐渐成为中、小型景观水体的主流处理技术。

8.过滤技术

过滤技术是使水流通过滤料或滤膜等过滤介质,水中的藻类和颗粒物被筛分、截留。过滤工艺的关键是滤速的大小,过滤前投加混凝剂微絮凝可提高过滤效果。过滤处理虽然出水水质好,但也存在过滤阻力大、藻类黏液易使滤层板结等不足。

9.吸附技术

吸附技术是向水体中投加吸附剂或使原水流过吸附床层,将污染物和营养物质吸附去除。吸附饱和后的吸附剂的处理问题,是制约该技术大规模应用的瓶颈。

10.杀藻技术

杀藻技术是采用化学药剂杀灭水体中的藻类,常用的化学药剂有硫酸铜、液氯、二氧化氯、漂白粉、高锰酸钾、臭氧等。此外,紫外线、超声波、微波、电解、微电解、高强磁、光催化氧化、植物提取液等新兴杀藻、抑藻技术近年也被关注和研究,但目前均处于实验室研究或中试阶段,理论体系尚不成熟,放大效果也有待检验。杀藻技术迅速、直接,但运行费用较高,维持效果时间短,在抑制藻类的同时对其他水生生物也存在毒性,一般仅限于临时应急使用。

5.3.2 生物法

生物方法具有运行费用低、操作管理简单、无二次污染等优点,若景观水体中的有机物含量较高,则可利用生物方法处理。

1.生物接触氧化法

生物接触氧化法兼具生物膜法和活性污泥法的特点,具有处理效率高、耐冲击负荷、无污泥膨胀、污泥产率低、管理方便等优点。但是,生物接触氧化技术占地面积较大,低温时处理效果下降明显。

2.曝气生物滤池法

曝气生物滤池法是生物接触氧化法的改进和发展,集生物氧化与固液分离于一体,在一个单元反应器中完成有机物降解、固体过滤和氨氮硝化过程,是一种占地少、功能全的新型、高效水处理技术。曝气生物滤池水头损失大,需定期反冲洗,对进水 SS 要求比较严格。

3.膜生物反应器

膜生物反应器作为一种新型的废水处理装置,将生物降解过程与膜分离技术相结合,通过过滤完成固液分离。其中,亲水性膜在运行通量和通量恢复能力上均比疏水性膜优越,但两种膜的出水水质基本没有差异。膜生物反应器处理成本高,易发生膜污染,在国内目前尚难以推广。

4.微生物净化技术

微生物作为水体中的分解者,在水质净化中有着重要作用。人工选育培养出的光合细菌、硝化细菌等复合高效微生物,能够有效去除氮、磷营养元素和有机污染物,抑制藻类生长,增加水体溶解氧,改善水质。利用致病微生物控制藻类是微生物技术的一条新的途径,即向水体投放藻类致病细菌或病毒,使之染病死亡。微生物处理技术当前还存在着很大的争议,操作不当易引发生态灾难,因而对该技术的应用当慎之又慎。

5.3.3　生态法

生态方法通过水、土壤、砂石、微生物、高等植物和阳光等组成的“自然处理系统”对污水进行处理,适合按自然界自身规律恢复其本来面貌的修复理念,在富营养化水体处理中具有独到的优势。

1.生物操纵控藻技术

生物操纵是利用生态系统食物链摄取原理和生物相生相克关系,通过改变水体的生物群落结构来达到改善水质、恢复生态平衡的目的。其实现途径有两种(图 5.11):放养滤食性鱼类吞藻,或放养肉食性鱼类以减少以浮游动物为食的鱼类数量,从而壮大浮游动物种群。在实际应用中,生物操纵的操作难度较大,条件不易控制,生物之间的反馈机制和病毒的影响很容易使水体又回到原来的以藻类为优势种的浊水状态。

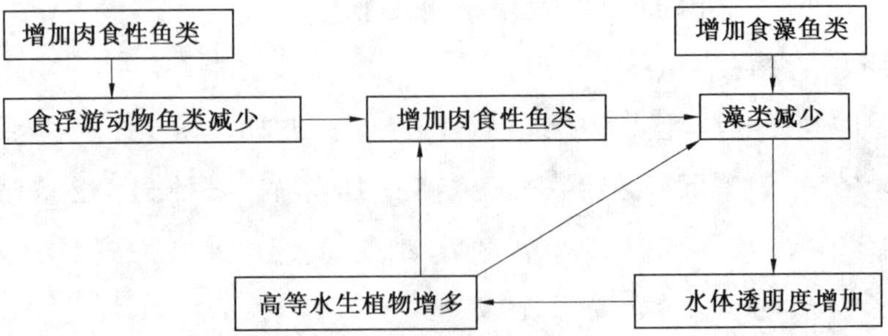

图 5.11　生物操纵控藻原理示意图

2.水生植物净化技术

高等水生植物与藻类同为初级生产者,是藻类在营养、光能和生长空间上的竞争者,其根系分泌的化感物质对藻细胞生长也有抑制作用。目前,研究较多的水生植物有芦苇、凤眼莲、香蒲、伊乐藻等。

浮床种植技术的发展为富营养化水体治理提供了新的思路,该技术以浮床为载体,在其上种植高等水生植物,通过植物根部的吸收、吸附、化感效应和根际微生物的分解、矿化作用,削减水体中的氮、磷营养盐和有机物,抑制藻类生长,净化水质。利用水生高等植物组建人工复合植被在富营养化水体治理中具有独特优势,但要注意防止大型植物的过量生长,使藻型湖泊转变为草型湖泊,这会加速湖泊淤积和沼泽化,在非生长季节大型植物的腐败对水质的影响会更大。大型水生植物对河道、湖泊的船只通航也有一定影响。

3.人工湿地

人工湿地是对天然湿地净化功能的强化,利用基质—水生植物—微生物复合生态系统进行物理、化学和生物的协同净化,通过过滤、吸附、沉淀、植物吸收和微生物分解实现对营养盐和有机物的去除。人工湿地占地面积较大,且填料层易堵塞、板结,限制了其在城市景观水体治理中的应用。

4.稳定塘

稳定塘又称氧化塘,通常是深度为 1.0 ~ 1.5 m 的浅塘,通过各种好氧、厌氧过程和食物链处理受污染水体。稳定塘运行成本低,但占地面积大,处理周期长,适于附近有天然池塘可以利用的景观水体。

5.生态混凝土技术

生态混凝土是由胶凝材料填充包裹在粗骨料周围而形成的新型多孔材料，克服了传统混凝土护坡植被无法生长的缺点，连续孔隙适于植物根系生长和微生物附着，从而具有生态净化功能。

随着我国城市化的发展、生态城市建设的推广和居民环境意识的增强，水景水体的重要性日趋显著，水景水体治理必将成为继生活污水、工业污水和流域污染治理之后又一新的污水处理领域。目前针对景观水体的各种治理技术均存在各自的优势、不足和适用场合，只有根据实际情况合理选择处理工艺，将不同技术进行优化组合，取长补短，发挥各自优势，同时实行严格的外源截污措施和管理制度，才能实现对水景水体的根本治理和有效维护，为居民生活和城市发展创造良好的生态环境。

5.3.4　水景水质处理实例

事实上，自然界是一个十分复杂的系统，要营造一个长期清澈、自然的水体景观，较为科学的方法应采用综合设计和治理的办法。所以目前有人已经提出此方法，即 nars(natural aquascape restoration system)自然水景系统。运用 nars 自然水景系统，可营造出清澈美丽生动的自然水景。图 5.12，图 5.13 为 nars 自然系统。相比传统治水方式，nars 自然水景系统的创新点有。

(1)nars 注重前期治本，而传统治水方式注重的是后期治标。

(2)师法造化，综合治理，治理效果佳，可以做到清澈见底。

(3)不用换水，雨水利用，节约水资源，日常维护费用很低。

(4)原生态设计使得水岸、水面、水中、水底景观生动美丽。

nars 的治理主要包括以下几个子系统：nars 底质综合治理、nars 水质综合治理、nars 微生物菌群、nars 水生动植物系统和其他措施(如突变事件而导致的水质变化等)。

概括而言，nars 水景系统是一种自净为主微动力为辅的、低养护成本的、综合了各种方法的一种水景生态设计和综合治理技术。nars 水景系统大多同时承担设计和治理，这样就避免了传统水景中先设计后施工再治理的弊病，也节省了大量的工程费用。

图 5.12　nars 设计治理实例

图 5.13　nars 设计治理的人工小溪

附录　与水景喷泉工程有关的国家标准与技术规范

1.中国工程建设标准化协会标准《水景喷泉工程技术规定》CECS218:2007（节选）

4　系统设计

4.1　土建设计

4.1.1　水景喷泉工程中建(构)筑物的设计除应满足其功能要求外,还应满足建(构)筑物防火、防水、防冻、防腐、排水、隔声和人员疏散等要求,并应满足水景喷泉工程系统的安装、操作和维修要求。

4.1.2　水景工程中建(构)筑物的位置、朝向、体量、空间环境等,应与水景喷泉的功能协调一致。

4.1.3　建(构)筑物的主体结构或结构构件,应能承受水景喷泉工程系统的荷载,并具有稳定性。因水泵等设备运行时产生的振动,不应影响激光等精密光源的运行。

4.1.4　建(构)筑物的梁、板、柱上的预埋件宜在主体结构施工时埋入,也可采用膨胀螺栓固定,预埋件的位置应准确。室内地面、墙面的预留洞、沟、槽和预埋管、防水套管、电套管等应符合设计和国家现行相关标准的要求。

4.1.5　机房、配电间等建筑物的照明、通风和门窗等应符合国家现行有关标准的要求。地下机房应设进风、排风装置。

4.1.6　所有穿池壁和池底的管道均应设置水环或防水管套。水池的沉降缝、伸缩缝等应设置水带。

4.1.7　当水池采用钢筋混凝土结构时,宜将结构配筋的纵横筋焊接成网,并用扁钢引出结构层外,作为电气设备的接地极。引出扁钢间距不宜大于10 m。对既有水池,应采取措施做好电气设备的接地极。

4.1.8　水上建(构)筑物的维修通道应符合下列规定:

1　通道地坪标高应根据景观水体大小、风浪等因素决定,当无资料时,应按不小于通道所在位置水体设计水位标高0.5 m计。

2　通道宽度不应小于0.8 m,当有设备运输时,其宽度应满足设备运输要求。

3　通道两侧应有人行栏杆。栏杆材料、间距、高度和颜色等应符合设计和国家现行相关标准的要求。

4　通道应有限制游人攀爬的警示标志。

4.1.9　景观水体的安全措施应符合下列规定:

1　水泉的水深不大于0.5 m时,水池外围应设池壁、台阶、护栏、警戒线等围护措施。

2　水泉的水深大于0.7 m时,池内岸边宜做缓冲台阶等。

3　旱泉、水旱泉的地面和水泉供儿童涉水部分的池底应采取防滑措施。

4　无护栏景观水体的近岸2 m范围内和园桥、汀步附近2 m范围内,水深不应大于0.5 m。

5　在天然湖泊、河流等景观水体两岸应设有警戒线、警示安全标志等安全措施。

2.中国国家标准《城市污水再生利用　景观环境用水水质》GB/T 18921—2002(节选)

4　技术内容

4.1　再生水作为景观环境用水时,其指标限值应满足表1的规定。

4.2　对于以城市污水为水源的再生水,除应满足表1各项指标外,其化学毒理学指标应符合表2中的要求。

表1　景观环境用水的再生水水质指标

序号	项目	观赏性景观环境用水			娱乐性观赏景观环境用水		
		河道类	湖泊类	水景类	河道类	湖泊类	水景类
1	基本要求	无飘浮物,无令人不愉快的嗅和味					
2	pH值(无量纲)	6~9					
3	五日生化需氧量(BOD_5)≤	10	6		6		
4	悬浮物(SS)≤	20	10		—[a]		
5	浊度(NTU)≤	a			5.0		
6	溶解氧≥	1.5			2.0		
7	总磷(以P计)≤	1.0	0.5		1.0	0.5	
8	总氮≤	15					
9	氨氮(以N计)≤	5					
10	粪大肠菌群(个/L)≤	10 000		2 000	500		不得检出
11	余氯[b]≥	0.05					
12	色度(度)≤	30					
13	石油类≤	1.0					
14	阴离子表面活性剂≤	0.5					

注1:对于需要通过管道输送再生水的非现场回用情况采用加氯消毒方式;而对于现场回用情况不限制消毒方式。

2:若使用未经过除磷脱氮的再生水作为景观环境用水,鼓励使用本标准的各方在回用地点积极探索通过人工培养具有观赏价值水生植物的方法,使景观水体的氮磷满足表1的要求,使再生水中的水生植物有经济合理的出路。

a"—"表示对此项无要求。

b氯接触时间不应低于30 min的余氯,对于非加氯消毒方式无此项要求。

表2 选择控制项目最高允许排放浓度(以日均值计) 单位:mg/L

序号	选择控制项目	标准值	序号	选择控制项目	标准值
1	总汞	0.01	26	甲基对硫磷	0.2
2	烷基汞	不得检出	27	五氯酚	0.5
3	总镉	0.05	28	三氯甲烷	0.3
4	总铬	1.5	29	四氯化碳	0.03
5	六价铬	0.5	30	三氯乙烯	0.3
6	总砷	0.5	31	四氯乙烯	0.1
7	总铅	0.5	32	苯	0.1
8	总镍	0.5	33	甲苯	0.1
9	总铍	0.001	34	邻-二甲苯	0.4
10	总银	0.1	35	对-二甲苯	0.4
11	总铜	1.0	36	间-二甲苯	0.4
12	总锌	2.0	37	乙苯	0.1
13	总锰	2.0	38	氯苯	0.3
14	总硒	0.1	39	对-二氯苯	0.4
15	苯并(a)芘	0.000 03	40	邻-二氯苯	1.0
16	挥发物	0.1	41	对硝基氯苯	0.5
17	总氰化物	0.5	42	2,4-二硝基氯苯	0.5
18	硫化物	1.0	43	苯酚	0.3
19	甲醛	1.0	44	间-甲酚	0.1
20	苯胺类	0.5	45	2,4-二氯酚	0.6
21	硝基苯类	2.0	46	2,4,6-三氯酚	0.6
22	有机磷农药(以P计)	0.5	47	邻苯二甲酸二丁酯	0.1
23	马拉硫磷	1.0	48	邻苯二甲酸二辛酯	0.1
24	乐果	0.5	49	丙烯腈	2.0
25	对硫磷	0.05	50	可吸附有机卤化物(以Cl计)	1.0

3.中国国家标准《地表水环境质量标准》GB 3838—2002(节选)

3 水域功能和标准分类

依据地表水水域环境功能和保护目标,按功能高低依次划分为五类:

Ⅰ类 主要适用于源头水、国家自然保护区;

Ⅱ类 主要适用于集中式生活饮用水地表水源地一级保护区、珍稀水生生物栖息地、鱼虾类产卵场、仔稚幼鱼的索饵场等;

Ⅲ类 主要适用于集中式生活饮用水地表水源地二级保护区、鱼虾类越冬场、洄游通道、水产养殖区等渔业水域及游泳区；

Ⅳ类　主要适用于一般工业用水区及人体非直接接触的娱乐用水区；

Ⅴ类　主要适用于农业用水区及一般景观要求水域。

对应地表水上述五类水域功能，将地表水环境质量标准基本项目标准值分为五类，不同功能类别分别执行相应类别的标准值。水域功能类别高的标准值严于水域功能类别低的标准值。同一水域兼有多类使用功能的，执行最高功能类别对应的标准值。实现水域功能与功能类别标准为同一含义。

4　标准值

4.1　地表水环境质量标准基本项目标准限值见表1。

4.2　集中式生活饮用水地表水源地补充项目标准限值见表2。

4.3　集中式生活饮用水地表水源地特定项目标准限值见表3。

表1　地表水环境质量标准基本项目标准限值　　**单位**：mg/L

序号	标准值 分类 项目	Ⅰ类	Ⅱ类	Ⅲ类	Ⅳ类	Ⅴ类
1	水温/℃	人为造成的环境水温变化应限制在：周平均最大温升≤1 周平均最大温降≤2				
2	PH值 （无量纲）	6～9				
3	溶解氧≥	饱和率90% （或7.5）	6	5	3	2
4	高锰酸盐指数≤	2	4	6	10	15
5	化学需氧量（COD）≤	15	15	20	30	40
6	五日生化需氧量（BOD_5）≤	3	3	4	6	10
7	氨氮（NH_3—N）≤	0.15	0.5	1.0	1.5	2.0
8	总磷（以P计）≤	0.02（湖、库0.01）	0.1（湖、库0.025）	0.2（湖、库0.05）	0.3（湖、库0.1）	0.4（湖、库0.2）
9	总氮（湖、库、以N计）≤	0.2	0.5	1.0	1.5	2.0
10	铜≤	0.01	1.0	1.0	1.0	1.0
11	锌≤	0.05	1.0	1.0	2.0	2.0
12	氟化物（以F^-计）≤	1.0	1.0	1.0	1.5	1.5
13	硒≤	0.01	0.01	0.01	0.02	0.02
14	砷≤	0.05	0.05	0.05	0.1	0.1
15	汞≤	0.000 05	0.000 05	0.000 1	0.001	0.001
16	镉≤	0.001	0.005	0.005	0.005	0.01

续表 1 单位:mg/L

17	铬(六价)≤	0.01	0.05	0.05	0.05	0.1
18	铅≤	0.01	0.01	0.05	0.05	0.1
19	氰化物≤	0.005	0.05	0.2	0.2	0.2
20	挥发酚≤	0.002	0.002	0.005	0.01	0.1
21	石油类≤	0.05	0.05	0.05	0.5	1.0
22	阴离子表面活性剂≤	0.2	0.2	0.2	0.3	0.3
23	硫化物≤	0.05	0.1	0.05	0.5	1.0
24	粪大肠菌群(个·L^{-1})≤	200	2 000	10 000	20 000	40 000

表 2 集中式生活饮用水地表水源地补充项目标准限值 单位:mg/L

序号	项 目	标准值
1	硫酸盐(以 $SO4^{2-}$ 计)	250
2	氯化物(以 Cl^- 计)	250
3	硝酸盐(以 N 计)	10
4	铁	0.3
5	锰	0.1

表 3 集中式生活饮用水地表水源地特定项目标准限值 单位:mg/L

序号	项目	标准值	序号	项目	标准值
1	三氯甲烷	0.06	41	丙烯酰胺	0.000 5
2	四氯化碳	0.002	42	丙烯腈	0.1
3	三溴甲烷	0.1	43	邻苯二甲酸二丁酯	0.003
4	二氯甲烷	0.02	44	邻苯二甲酸二(2-乙基已基)酯	0.008
5	1,2-二氯乙烷	0.03	45	水合肼	0.01
6	环氧氯丙烷	0.02	46	四乙基铅	0.000 1
7	氯乙烯	0.005	47	吡啶	0.2
8	1,1-二氯乙烯	0.03	48	松节油	0.2
9	1,2-二氯乙烯	0.05	49	苦味酸	0.5
10	三氯乙烯	0.07	50	丁基黄原酸	0.005
11	四氯乙烯	0.04	51	活性氯	0.01
12	氯丁二烯	0.002	52	滴滴涕	0.001
13	六氯丁二烯	0.000 6	53	林丹	0.002

续表 3　　单位：mg/L

14	苯乙烯	0.02	54	环氧七氯	0.000 2
15	甲醛	0.9	55	对流磷	0.003
16	乙醛	0.05	56	甲基对流磷	0.002
17	丙烯醛	0.1	57	马拉硫磷	0.05
18	三氯乙醛	0.01	58	乐果	0.08
19	苯	0.01	59	敌敌畏	0.05
20	甲苯	0.7	60	敌百虫	0.05
21	乙苯	0.3	61	内吸磷	0.03
22	二甲苯①	0.5	62	百菌清	0.01
23	异丙苯	0.25	63	甲萘威	0.05
24	氯苯	0.3	64	溴清菊酯	0.02
25	1,2－二氯苯	1.0	65	阿特拉津	0.003
26	1,4－二氯苯	0.3	66	苯并(a)芘	$2.8*10^{-6}$
27	三氯苯②	0.02	67	甲基汞	$1.0*10^{-6}$
28	四氯苯③	0.02	68	多氯联苯⑥	$2.0*10^{-5}$
29	六氯苯	0.05	69	微囊藻毒素－LR	0.001
30	硝基苯	0.017	70	黄磷	0.003
31	二硝基苯④	0.5	71	钼	0.07
32	2,4－二硝基甲苯	0.000 3	72	钴	1.0
33	2,4,6－三硝基甲苯	0.5	73	铍	0.002
34	硝基氯苯⑤	0.05	74	硼	0.5
35	2,4－二硝基氯苯	0.5	75	锑	0.005
36	2,4－二氯苯酚	0.093	76	镍	0.02
37	2,4,6－三氯苯酚	0.2	77	钡	0.7
38	五氯酚	0.009	78	钒	0.05
39	苯胺	0.1	79	钛	0.1
40	联苯胺	0.000 2	80	铊	0.000 1

注：① 二甲苯：指对－二甲苯、间－二甲苯、邻－二甲苯。

② 三氯苯：指 1,2,3－三氯苯、1,2,4－三氯苯、1,3,5－三氯苯。

③ 四氯苯：指 1,2,3,4－四氯苯、1,2,3,5－四氯苯、1,2,4,5－四氯苯。

④ 二硝基苯：指对－二硝基苯、间－硝基氯苯、邻－硝基氯苯。

⑤ 多氯联苯：指 PCB－1016、PCB－1221、PCB－1232、PCB－1242、PCB－1248、PCB－1254、PCB－1260。

参考文献

[1] 闫宝兴,程炜.水景工程[M].北京:中国建筑工业出版社,2005.

[2] 董三孝.园林工程建设概论[M].北京:化学工业出版社,2004.

[3] 袁海龙.园林工程设计[M].北京:化学工业出版社,2004.

[4] 陈祺.园林工程建设现场施工技术[M].北京:化学工业出版社,2004.

[5] 金元欢.城市水景的生态设计与综合治理——NARS:营造清澈秀美的原生态水景系统[M].北京:中国水利水电出版社,2006.

[6] 张增坦.水景发展及其环境效益[J].给水排水,1994(06):31-32.

[7] 中国建筑金属结构协会给水排水设备分会.水景喷泉工程技术规程(CECS218:2007)/中国工程建设标准化协会标准[M].北京:中国计划出版社,2007.

[8] 核工业第二研究设计院.给水排水设计手册(第2册),建筑给水排水[M].北京:中国建筑工业出版社,2001.

[9] 贾志学,萧仲骅.我国喷泉水景发展的新阶段[J].水务世界,2005(5):43-45.

[10] 国家质量监督检验检疫总局.GB/T 18921—2002 城市污水再生利用 景观环境用水水质[S].北京:中国标准出版社,2003.

[11] 夏邦天,郑广宏,徐杭军,等.城市景观水体治理技术研究进展[J].环境科学与技术,2008(06):67-70.

[12] 宋西强.风景园林绿化规划设计与施工新技术实用手册[M].北京:中国林业出版社,2002.

[13] 全国普通林业中等专业试用教材《园林工程》编写组.园林工程[M].北京:中国林业出版社,1999.

[14] 过元炯.园林艺术[M].北京:中国农业出版社,1996.

[15] 孟光祯.园林工程[M].北京:中国林业出版社,1996.

[16] 赵建民.园林规划设计[M].北京:中国农业出版社,2001.

[17] 毛培琳.水景设计[M].北京:中国林业出版社,1993.

[18] 赵世伟.园林工程景观设计大全[M].北京:中国农业科学技术出版社,2000.

[19] 毛培琳.喷泉设计[M].北京:中国建筑工业出版社,1990.

[20] 林茨.城市景观艺术水景·喷泉[M].南昌:江西美术出版社,2002.

[21] 金儒霖.人造水景设计营造与观赏[M].北京:中国建筑工业出版社,2006.

[22] 李强.深圳市会展中心水景实例分析[J].西南给排水,2008(03):29-31.

结 束 语

水与人的生活，长久以来一直是息息相关，密不可分。人类的文明发展史更是与水脱不了关系。世界文明古国的发源地皆在重要河川流域，例如，中华民族的发源地为黄河流域及长江流域。而印度的恒河、埃及的尼罗河，也同样与其国家的文明发展有着密不可分的关系。美国的许多大都市也都是沿着河流较平坦之地开发。而沙漠地区，只有绿洲才有水源可供人与动物生活，游牧民族皆逐水草而居，这些都说明了人与水的依存关系。人类必须有水才能生存，正如人不能没有空气和食物一样。

水是人维生的东西，是生存的必需品，水对农业的重要性更是众所周知。除此之外，水对于人有很强的吸引力，水总是会引起人的注意，吸引人的目光，即使是不懂事的小孩，见到水，也会去摸一摸、踏一踏、玩一玩。人们对于水似乎有特殊的情感，很少有人不喜欢水。根据某些科学家的说法，所有生物都是由海洋中演化而来，连人类未出生的胎儿也是浸泡在水中，所以人的潜意识里对水有着依恋与认同，因此不知不觉中就喜欢上水。

人对水的喜爱似乎是与生俱来的，很少有人能对于水没有反应或印象。人除了依赖水维生，从事与水有关的户外活动外，也喜欢居住于水边欣赏水景，聆听水声。与水有关的景观一直深受人们所喜爱，而居住在依山傍海的地方则是许多人的梦想。这也是为什么有些人总喜欢购置别墅于海边或湖边，而度假村总是在海边、小岛或湖畔。水在不同情况下总可以予人平静、安慰、欣喜、兴奋或愉悦。然而真正能与水比邻而居的人少之又少，尤其是居住于都市的人们，对于水环境的渴望更甚。为了弥补无法与大自然的湖、海、河、川经常接触的缺憾，人们便在其居住的环境建造了许多水景。于是乎在自家庭园筑个小养鱼池，在建筑前建个水池，在马路旁设个喷泉，或在公园造个人工湖，甚至学校、购物中心等许多公共空间之中，也都可见到漂亮的水景。与水有关的景观设计在都市环境中，愈发显现出其重要性。

静止的水景令人沉思，跳动的水景令人兴奋，水声隆隆令人冲动激昂，而水中倒影则如诗如画。水可以创造出各式各样的艺术空间，水的各种变化就是一种艺术创造，而当水与雕塑相搭配时更可以提升整个空间的美感。自古以来水景就一直在人们居住的环境里扮演着重要角色。

人造水景艺术的观念已深植人心，都市中到处可见美轮美奂的水景。除了属于文化资产的雕塑水景外，新的水景造型艺术也有许多精彩作品。水景艺术的发展与日俱增，像都市的亲水公园、亲水广场的建设都有很可观的成就。我们期待能够在我国人民生活水平不断提高的今天，也能够提升生活品质，鼓励公共艺术的建设，能有更多富创意、有特性又可以让人亲近的水景出现于各地，而这一切也就是作者编写本书的初衷！

编　者

2009年7月